WERNER ZIEGENFUSS

LENIN

SOZIOLOGIE UND REVOLUTIONÄRE AKTION IM POLITISCHEN GESCHEHEN

BERLIN 1948

WALTER DE GRUYTER & CO.

vormals G. J. Göschen'sche Verlagshandlung — J. Guttentag Verlagsbuchhandlung — Georg Reimer — Karl J. Trübner — Veit & Comp.

LEBENDIGE SOZIOLOGIE

Schriften und Texte zum Studium der modernen Gesellschaft und der Gesellschaftslehre

Herausgegeben von

Werner Ziegenfuß

Archiv-Nr. 42 47 48

Druckgenehmigungsnummer 9952 der Nachrichten-Kontrolle der Amerikanischen Militär-Regierung

Druck: Achilles & Schwulera, Berlin SW 61, Reg.-Nr. 22 32. — 2200. 5. 48.

„Es gibt keine abstrakte Wahrheit,
die Wahrheit ist immer konkret“

(Lenin, „Zwei Taktiken in der sozialdemokratischen Revolution“, Kap. X)

INHALT

I. Einleitung

Es ist kein Freund der russischen Revolution, der über ihren Wegbereiter und Führer erklärt, es bestätige sich die Unersetzlichkeit und wunderbare Einmaligkeit persönlicher Größe vielleicht an keinem anderen historischen Beispiel in so überzeugender Weise, wie gerade an der gewaltigen historischen Leistung Lenins, „jenes Mannes, der das Reich der unpersönlichen Massen geschaffen hat“[1]). Wir können hinzufügen: einzig mit dem Mittel des gesprochenen und gedruckten Wortes, nur durch einen geistigen Einsatz von unermüdlicher zielbewußter Energie wurde eine geschichtliche Wendung verwirklicht, die in ihrer Intensität und in der Breite ihrer Wirkung weit über das Maß jeder bisher erlebten Form von Revolution hinausgeht. Die Methode, deren sich das umfassende und zugleich einfache und geradlinige Denken Lenins bedient, ist die der materialistischen Geschichtsauffassung, wie Marx und Engels sie begründet haben. Seine eigentümliche Leistung beginnt damit, daß Lenin die Theorie des dialektischen Materialismus als eine unmittelbar praktische auslegt und fruchtbar macht. Die These: „Der Marxismus ist kein Dogma, sondern ein Leitfaden zum Handeln“[2]) hat eine grundlegende Bedeutung für seine Denkweise und sein politisches Wirken. Lenin betont es: „Unsere Lehre, sagte Engels von sich und seinem berühmten Freund, ist kein Dogma, sondern eine Anleitung zum Handeln. In diesem klassischen Satz ist mit wunderbarer Kraft und Prägnanz jene Seite des Marxismus hervorgehoben, die sehr oft außer acht gelassen wird. Wenn wir sie aber außer acht lassen, machen wir den Marxismus zu einer einseitigen, mißgestalteten, toten Lehre, nehmen ihm die lebendige Seele, untergraben seine fundamentale theoretische Grundlage — die Dialektik . . .“[3]).

---

[1]) René Füllöp-Miller, Geist und Gesicht des Bolschewismus, Zürich-Leipzig-Wien, 1926; S. 36.
[2]) Ausgew. W., Wien—Berlin, I, S. CXV.
[3]) Ausgew. W., Moskau 1946; I, S. 557.

Daraus ergibt sich eine doppelte Problematik. Es gehört zu dem hauptsächlichen Gehalt der marxistischen Lehre, daß sie die streng sachliche und objektive Erkenntnis der Geschichte als eines sich mit Notwendigkeit vollziehenden Prozesses sein will. Wieso kann sie dann ein „Leitfaden zum Handeln" sein, da doch ein sich aus sich selbst notwendig entwickelndes Geschehen ein selbständiges Handeln nicht nur unnötig zu machen, sondern auszuschließen scheint? Und weiterhin: die marxistische Geschichtsauffassung lehrt, daß alle Geschichte ihren wesentlichen Inhalt, ihren alle Entwicklung bedingenden Grund und das Prinzip ihrer sie vorwärts treibenden Bewegung in dem Kampf der Klassen hat. Wie dieser immer schon dem Einzelnen keine eigene und produktive Bedeutung zu lassen scheint, so verliert die Persönlichkeit offenbar vollends jede Chance, „Geschichte zu machen" in dem Maß, in dem die neueste letzte Phase des dialektischen Prozesses der Geschichte als revolutionäre Gegenmacht gegen die herrschende Klasse der kapitalistischen Unternehmer, die immerhin noch als Einzelpersönlichkeiten betrachtet werden können und gewertet werden wollen, die grundsätzlich nicht persönlich strukturierte, sondern kollektive Massenwirklichkeit des Proletariats aufruft. Kann das Denken und Wirken einer Einzelpersönlichkeit, und wäre es die willensstärkste und geistesgewaltigste, unter dieser Voraussetzung prinzipiell überhaupt eine wesentliche historische Bedeutung haben?

Diese beiden Fragen tauchen auf, sobald man über die offenkundige Tatsache nachdenkt, die mit der Bedeutung Lenins für die russische Revolution dank seiner bis zum vollkommenen Sieg seiner Anschauung verwirklichten marxistischen Gedankenwelt, dem Leitfaden seines Handelns, gegeben ist. Es sind Probleme, die sowohl theoretisch innerhalb der marxistischen Lehre gefunden werden können, wie sie sich auch aus der politischen Praxis einer konsequenten marxistisch begründeten Verhaltensweise ergeben. Sie sind Fragen der marxistischen Soziologie gleicherweise als Theorie wie als Prinzip des Handelns. In ihnen deutet sich zugleich eine grundlegende Problematik der politischen Praxis in der modernen Sozialwelt an, die wesentlich eine Massenwirklichkeit ist. Nicht minder sieht sich jede theoretische Soziologie in der Gegenwart vor diese Fragen gestellt, wenn sie den Versuch macht, die moderne Gesellschaft der sozialen Massengebilde realistisch aufzufassen, sofern sie nicht das Postulat einer rein personalen Gesellschaft an die Stelle der offenkundigen Wirklichkeit setzen oder aber die Eigenbedeutung der geistigen und ethischen Persönlichkeit von vornherein preisgeben will. Es bedeutet somit einen Beitrag zur grundsätzlichen Lösung einer für die theoretische Soziologie grundlegenden Problematik wie zum Verständnis der modernen Gesellschaft, wenn wir den Versuch machen, die in ihrer geschichtlichen Wirkung und in ihrem geistig literarischen Werk uns vor Augen stehende Persönlichkeit Lenins von seiner ihm eigentümlichen Soziologie aus zu deuten. Wir wollen dabei ein Verständnis gewinnen für den inneren Zusammenhang der modernen gesellschaftlichen Entwicklung mit den in ihr wirkenden geistigen Mächten und insbesondere mit der marxistischen Theorie, wie Lenin sie fortführt, und für die Struktur und die Wirklichkeitsbedeutung dieser unvergleichlich schicksalsvollen und bedeutsamen soziologischen Lehre selbst. Wir müssen eine klare Antwort finden auf die doppelte Frage: wieso kann eine vollkommen realistische Soziologie, die die Gesellschaft als einen vom menschlichen Einzelwollen unabhängig sich vollziehenden geschichtlichen Prozeß erkennen lehrt, statt das menschliche Handeln und die Aktivität des Wollens zu lähmen, ihr im Gegenteil geradezu als Leitmotiv dienen? Und: wie begreift sich die geistige Persönlichkeit als wesentliche, führende Macht in einem geschichtlichen Werden, das in seinem Prozeß als revolutionäre Aktion der proletarischen Masse durchaus keine einzelpersönliche Struktur hat? Die Antwort auf diese Problematik läßt uns dem Verständnis der politischen Persönlichkeit und des Werkes Lenins näherkommen. Sie führt uns zugleich in die Mitte der modernen soziologischen Problematik unseres Daseins hinein. Sie bietet uns endlich in ihrem grundsätzlichen Gehalt einen Beitrag zu einem wichtigen Problem der Gesellschaftslehre.

Die Schwierigkeiten, die einem solchen Versuch begegnen, sind groß. Es steht ihm nicht allein die rein tatsächliche Unmöglichkeit entgegen, den Gegenstand einer solchen Erforschung für das Bewußtsein des Lesers ganz aus den politischen Spannungen und Gegensätzen herauszulösen, die diesen aus seiner eigenen politischen Wirklichkeit heraus diesem Gegenstand teils ebenso positiv, wie andererseits radikal verneinend gegenüberstellen. Es liegt geradezu im Wesen der politischen Persönlichkeit Lenins, in seiner geschichtlichen Position und Mission wie in der von ihm vertretenen Lehre begründet, daß ihr gegenüber eine vollkommen neutrale Haltung nicht möglich ist. Man kann Lenin nicht zu deuten versuchen von einer „idealistischen", also rein vom Geistigen ausgehenden Auffassung her, oder von einer „subjektivistischen" oder „personalistischen" Soziologie aus, die das Einzelsubjekt und die Einzelperson zur alleinigen Grundlage nimmt und nur sie als wirklich erklärt, ohne sein Werk, seine Wirklichkeit und seine Denkweise negativ zu sehen. Um Lenin positiv zu begreifen, muß man sich in sein Wollen und Werk, in seine reale Funktion in der Geschichte und in sein soziologisches Denken hineinversetzen. Das bedeutet, sich die materialistische Geschichtsauffassung und Gesellschaftsdeutung als Sichtweise zu eigen zu machen, um aus ihr heraus die Wirklichkeit einer besonderen Phase des geschichtlichen Prozesses und Lenins als ihrer am meisten repräsentativen Gestalt zu verstehen. Die Konsequenz der Soziologie Lenins und seine wissenschaftliche Bedeutung zeigen sich darin, daß auch jene ihm gegnerische, „idealistische" und personalistische Haltung, von seinem Standpunkt her in eindeutiger Weise gesehen und fixiert, aus seiner Denkweise heraus gedeutet und in sein Gesamtbild der Gesellschaft eingeordnet wird. Für den „Idealismus" ist der „historische Materialismus" nur ein Irrtum. Für den historischen Materialismus ist der „Idealismus" zwar an sich falsch, aber soziologisch ein verständliches und historisch ein notwendiges Faktum.

Wenn der Leser geneigt ist, auf diesem Wege einer später zu erklärenden objektiven oder „materialistischen" Soziologie zu folgen, dann bleibt es das nächste Problem, ob die in einer unmittelbaren weltgeschichtlichen Bedeutung wirksam gewordene Geistigkeit Lenins auf ein systematisches, soziologisches Gedankenbild zurückzuführen ist. Die Gefahr liegt nahe, daß die dabei unvermeidliche Ablösung der Gedanken von ihrer unmittelbaren, immer historisch auf bestimmte Situationen und Erscheinungen hin gerichteten Bindung an den geschichtlichen Prozeß ihnen ihr eigentliches Leben und ihre Unmittelbarkeit raubt. Getreu seiner Maxime, den Marxismus als Leitfaden des Handelns zu gestalten, und im Sinne von Marx, der erklärt hatte, die Philosophen hätten die Welt bisher interpretiert — es käme darauf an, sie zu verändern, ist Lenins literarisches Werk eine nicht abreißende Kette von unmittelbar mit dem Ringen der gesellschaftlichen Mächte seiner Zeit verbundenen, diesen teils entgegentretenden, teils sie führenden Deutungen und Enthüllungen, Zielsetzungen und Wegweisungen. Nirgends waltet ein Erkenntniswille um der theoretischen Wissenschaft willen. Immer ist auch die theoretisch formulierte Erkenntnis der unmittelbare Ausdruck eines gesellschaftlichen Feldzuges, des Kampfes der Klasse des Proletariats gegen die übrigen Schichten der Gesellschaft, gegen ihre geltende Ordnung, gegen ihre Ideologie und gegen ihre bestehenden Einrichtungen, soweit sie von der Herrschaft der traditionellen Mächte bestimmt sind und ihnen dienen. Diese durchgehende geschichtliche Bezogenheit in allen Gedanken und Erkenntnissen Lenins ist eine unmittelbare Konsequenz seiner „materialistischen", allen allgemein und „ewig" gültigen „Ideen" abgeneigten Grundauffassung. Wir müssen ihr grundsätzlich Genüge tun, auch wo wir den rein wissenschaftlichen Ertrag von Lenins Soziologie herauszulösen versuchen wollen, sonst verfehlen wir dieses Ziel von Grund auf.

Als eine geschichtlich eingefügte und in Wechselwirkung mit dem geschichtlichen Werden stehende geistige Aktion stellt uns das Denken Lenins zugleich vor die Schwierigkeit, die alle Geschichte dem Erkennen macht. Wir müssen notwendigerweise aus der Fülle des lebendigen Ganzen auswählen. Wir müssen Akzente setzen, vieles fortlassen, und Besonderes als wesentlich hervorheben. Eine solche „historische Abstraktion" ist die Voraussetzung für die systematische Fassung der Gedanken, und es ist andererseits unvermeidlich, daß sie von dieser mitgeleitet wird. Die weitere Folge ist, daß manches für die Geschichte Bedeutsamere aus der Gedankenwelt Lenins unbeachtet bleibt oder jedenfalls nicht ausdrücklich betont wird, während anderes hervorgehoben und der Deutung zugrundegelegt wird, was historisch weniger wesentlich ist[1]).

Wie eine Bemühung um die Erkenntnis des systematischen Zusammenhangs der Soziologie Lenins in der konkreten Mannigfaltigkeit des geschichtlichen Lebens, an der jene sich entfaltet hat, ihre Grenze zu respektieren hat, so darf sie sich andererseits nicht auf eine nur „ideologische" Betrachtungsweise beschränken wollen. Nichts wäre der Absicht Lenins, seinem Wesen und seiner Lehre mehr zuwider, als wenn man sein Denken und seine Haltung auf eine „Weltanschauung", auf einen ideologischen Zusammenhang von Grundsätzen oder Prinzipien zurückführen wollte. So klar durchdacht und konsequent die Gedanken Lenins in ihrem Zusammenhang dem ihnen nachsinnenden Betrachter erscheinen, niemals sind sie aus Prinzipien abgeleitet, etwa in der Art, in der die Revolutionäre von 1789 von abstrakten Lehrsätzen ausgingen. Die marxistische Geschichtsauffassung ist für Lenin kein „Dogma". Er orientiert sich an ihr in der unmittelbaren Begegnung mit den von der Geschichte gestellten Aufgaben. Darin besteht geradezu das einzige prinzipielle Postulat seiner Denkweise, daß er seine Anschauungen von der Gesellschaft grundsätzlich nicht als ideelle Konzeptionen oder gar als apriorische Gesetzmäßigkeiten auffaßt und vertritt, sondern als der Wirklichkeit selbst entnommene, systematisch be-

---

[1]) Angesichts dieser von vornherein zu klärenden methodischen Besonderheit unserer Darstellung verweisen wir den Leser zum weiteren Studium auf die umfassende Darstellung der „Geschichte der Kommunistischen Partei der Sowjetunion (Bolschewiki)", (Berlin 1946), die gerade das historisch Wesentliche aus Werk und Wirken Lenins in seiner unmittelbaren geschichtlichen Gebundenheit und Deutung zusammenhängend darstellt. Dieses Werk wird der Leser in jedem Fall heranzuziehen haben, um die Einseitigkeiten in Hinsicht der geschichtlichen Entwicklung Lenins zu korrigieren, die in unserem Versuch unvermeidlich sind.

griffene Zusammenhänge. Der Grundsatz seines Denkens, auf dem seine politische Praxis ebenso aufbaut wie seine Lehre, ist der, daß die gesellschaftliche Wirklichkeit in ihrer geschichtlichen Entwicklung selbst kein zufälliger, irrationaler Ablauf unzusammenhängender Geschehnisse ist, sondern daß sie ganz unabhängig von allen subjektiven Konstruktionen und ideologischen Motiven in sich selbst eine notwendige, begreifbare Struktur hat, kraft deren sie erst „Geschichte" wird. Diese Struktur wird als eine „materielle" bezeichnet, im Anschluß an Marx, um jeden Verdacht einer nur subjektiven ideologischen Konstruktion zu zerstören und um jede Befürchtung, das gewonnene Geschichtsbild könne am Ende, wie so viele „Philosophien" der Geschichte, ein nur glaubensmäßiges, also subjektives sein, so deutlich wie nur möglich von vornherein fernzuhalten. Es gibt demnach keine „Weltanschauung" und keine persönliche Philosophie Lenins, sondern das eigentlich und grundsätzlich Wesentliche und Eigentümliche an Lenins Denken ist, daß es sich entwickelt als vollkommen seiner politischen Mitwelt in ihrer prinzipiellen Problematik hingegebene, sich der erlebten Entwicklung gleichsam anschmiegende Deutung des nicht gedanklichen, nicht ideenhaften, sondern eben „materiellen" als des sich vom Betrachter vollkommen unabhängig vollziehenden geschichtlichen Prozesses. Der nicht apriorische, nicht ideologische, nicht weltanschauliche, nicht subjektive Charakter der Denkhaltung, der Erkenntnisabsicht und der Lehre ist das Eigentümliche am Denken Lenins. Man kann seinem besonderen Gehalt nur dann auf eine seinem eigenen Sinn angemessene Weise und mit innerer Berechtigung nachforschen, wenn man ihn in Hinsicht auf das „Materielle", also auf die rein sachlichen generellen Zusammenhänge hin deutet und zu verstehen sucht. Nur wenn man Lenins Soziologie gleichsam als eine Selbstauslegung des Geschichlichen in seinem revolutionären Stadium, wie es beispielhaft in seiner Zeit erscheint, betrachtet, wird man den eigentlichen Intentionen Lenins gerecht.

So sehr und so notwendig also von dem konkreten und individuellen geschichtlichen Verlauf im einzelnen zu abstrahieren ist, wenn man die systematischen Probleme in der soziologischen Denkweise Lenins begreifen will, so unbedingt muß man jeden Versuch einer weltanschauungsmäßigen oder „ideologischen" Ableitung vermeiden. Lenin ist nicht „ideengeschichtlich" einzuordnen. Er entzieht sich im Wesen auch jeder personalistischen „Typologie", sei es der „Weltanschauungen", der „Denkformen", der „Methoden" oder sonst irgend subjektiv bestimmter und gemeinter Strukturzusammenhänge. Er ist „Materialist“, das bedeutet: sein Denken und Erkennen sucht das an sich Bestehende der Wirklichkeit selbst, er meidet die nur ideenmäßige, darum möglicherweise gefälschte, von uneingestandenen Einflüssen des Standortes bedingte Auslegung. Er sieht grundsätzlich von allem Persönlichen ab oder klammert es aus, sei es, daß es sich um sein eigenes Denken und Forschen handelt, sei es, daß er die Anschauungen anderer prüft. Wo er auf individuelle Vorurteile oder Vorlieben stößt, wo persönliche Glaubenssätze oder romantische Illusionen gegen die Erkenntnis des Tatsächlichen behauptet werden, zersetzt er sie mit schonungsloser Kritik und oft bitterer Ironie. Das Individuelle gilt ihm nichts gegenüber der geschichtlich-gesellschaftlichen Realität. Nirgends ist er in dem Sinne „systematisch“, daß er seine Erkenntnis zu einem geschlossenen Gedankengebilde vereinigt und damit seine persönliche Denkweise und sein Weltbild in seinem Sinn einen vollkommenen Ausdruck finden läßt. So stellt er weder ein System des Sozialismus auf, noch eine zusammenfassende soziologische Lehre oder ein konstruiertes Bild der Gesellschaft, wie sie an die Stelle der untergehenden Ordnung treten sollte. Lenin weiß sich einem sich unablässig vollziehenden, realen geschichtlichen Wandel in der Gesellschaft gegenüber, und was er in seinem Denken an Einheit und systematischem Zusammenhang herausarbeitet, ist gemeint und versteht sich als Ausdruck der Gesetzmäßigkeit und Notwendigkeit in dem von allen ideologischen Momenten unabhängigen und insofern „materiellen“ Prozeß. In diesem Sinn darf es unternommen werden, die Soziologie Lenins zu erkennen und sie in ihren Grundzügen darzustellen.

Unser Versuch kann dabei im übrigen nicht für sich in Anspruch nehmen, eine im Sinn Lenins und seiner Partei verbindliche, politische Darstellung und Auslegung seiner Soziologie zu finden. Unsere gewandelte oder andersartige gesellschaftliche Situation des Denkens entzieht unserem Denken im Sinne der materialistischen Gesellschafts- und Geschichtsauffassung die Voraussetzungen für eine ihr wesensmäßig adäquate und damit verbindlich gültige politische Theorie. Andererseits wäre es sinnlos, sich um die Erkenntnis der Soziologie Lenins zu bemühen, wenn damit nur völlig unverbindliche, also sachlich gleichgültige Dogmen gewonnen werden könnten. Was sich eine „allgemeine“ und nicht auf die materialistische Gesellschaftsauffassung sich begrenzende Soziologie vornehmen kann, ist: sich das Verständnis für den gesellschaftlich-geschichtlichen Standort Lenins zu erarbeiten, aus der Erkenntnis der gegebenen Situation der russischen Gesellschaft seine Lehre zu begreifen, um diese dann in ihrem inneren Zusammenhang an Hand einzelner allgemein wesentlicher Probleme auch für eine über ihre Voraussetzungen hinausreichende wissenschaftliche Soziologie fruchtbar zu machen.

Der erste Zugang zu der Soziologie Lenins ist mit seinem persönlichen Denken und Leben gegeben, wobei von vornherein die Einschränkung zu machen ist, daß dieses Individuelle seines Lebens nicht nach Art einer „Biographie" im Sinn des westeuropäischen Persönlichkeitsdenkens ausgelegt werden kann. Aber es darf im Sinne unseres Versuches als Weg zum Verständnis des gesellschaftlichen Standorts Lenins verstanden werden. Wir gehen im Einklang mit dem methodischen Wesen von Lenins Soziologie weiter zu einer knappen Darstellung einiger wesentlicher Züge in der russischen Gesellschaft im letzten Stadium der Autokratie. Den Gesichtspunkt der Auswahl bieten diejenigen theoretischen Hauptprobleme Lenins dar, die für seine besondere Haltung und Leistung als Fortführer der marxistischen Theorie und als Repräsentant und Theoretiker der revolutionären Aktion im geschichtlichen Prozeß charakteristisch sind. Die geistig-gesellschaftlichen Tendenzen, die sich vor und neben Lenin in der Auseinandersetzung mit der Gesellschaft entwickeln, und die politischen Richtungen und Parteien, die im Rahmen der gleichen geschichtlichen Wirklichkeit aktiv werden, geben den Hintergrund her, vor dem das soziologische Denken Lenins nach seinem grundsätzlichen Gehalt dargestellt wird. Die Soziologie Lenins empfängt ihre theoretischen Grundlagen von dem dialektischen Materialismus, sie prägt ihre Eigenart aus der Auseinandersetzung mit dem „Idealismus", und sie entwickelt ihre Einsichten in der Lösung der zu ihrem Standort gehörenden charakteristischen Probleme.

II. Biographische Skizze

Es enthält zumindest keinen Widerspruch in sich, wenn Persönlichkeiten der bisherigen modernen Geschichte ihr persönliches Leben um seiner selbst willen schildern und ihr Werden aus ihrem individuellen Streben und Denken heraus verständlich zu machen versuchen, sei es in Autobiographien, Erinnerungsbüchern oder Bekenntnissen. Vollends gibt es eine Fülle von Monographien, die die Individualität zeitgenössischer geschichtlich wirksamer Persönlichkeiten darstellen. Eine solche Absicht wäre jedoch bei Lenin ein Widerspruch, obgleich er gewiß eigenartig genug geprägt ist und „auch von den Gegnern seiner Lehre zu den stärksten und eigenartigsten Persönlichkeiten der Geschichte gezählt werden" muß[1]). Es würde für einen Historiker nicht an Stoff für eine solche Monographie fehlen bei diesem Gelehrten und Politiker, der eines der größten Reiche in der am tiefsten in das Leben der Gesellschaft einschneidenden seiner Revolutionen geführt hat. Andererseits wäre nicht daran zu zweifeln, daß ein Schriftsteller, dessen Fruchtbarkeit, wie die große Ausgabe seiner Schriften zeigt, außerordentlich war, die Fähigkeit besessen hätte, seinen persönlichen Standpunkt in einem „Politischen Testament", in Memoiren oder Bekenntnissen selbst niederzulegen. Er hat es nicht getan. Darin drückt sich nicht, wie bei vielen schöpferischen Persönlichkeiten sonst, nur eine Abneigung dagegen aus, sich selbst in den Mittelpunkt zu rücken. Es würde vielmehr einen grundsätzlichen Verstoß gegen das Wesen seines Denkens und Wirkens bedeutet haben, wäre er anders verfahren. *Lenins Denken ist ein gesamtgesellschaftliches.* Es macht seine Eigenart aus, daß es sich an der gesamtgesellschaftlichen Wirklichkeit orientiert, sie begrifflich ausschöpft und ganz in dem Sinn der Logik der geschichtlich-sozialen Wirklichkeit vollzieht. Es ist also kein individuell-logisches, sondern ein im genauesten Sinn des Wortes *sozio-logisches Denken.* Es will mit höchstmöglicher Unpersönlichkeit die Gesetzmäßigkeit und das Wesen, die Situation und den Prozeß der gesellschaftlichen Welt

[1]) René Füllöp-Miller, „Geist und Gesicht des Bolschewismus", 1926, S. 54.

zu seiner geschichtlichen Stunde repräsentieren. Es ist nicht weniger „sachlich" als das Denken eines Naturforschers, das nicht im allermindesten ein Eigenes, Persönliches meint, wenn es über seine Gegenstände urteilt und seine Äußerungen macht. Nichts liegt ihm ferner, als die mindeste Reflexion auf sich selbst. Lenin ist also, mit einem Ausdruck der Geistesphilosophie Hegels, ein denkbar wenig „eitler" Geist. Er dient in seiner unablässig bohrenden und drängenden, unerbittlich nüchternen und schonungslos folgerichtigen Weise seiner Aufgabe um der Forderung der Geschichte willen, als deren Exponenten und ausführendes Organ er sich sieht.

So formuliert sich alles, was er denkt und ausspricht, schon seiner Form nach als geschichtlich gefordert und notwendig. Darin liegt seine Beweiskraft und der Ursprung seiner Gültigkeit. Nicht minder ist sein Denken in seinem Gehalt unmittelbar geschichtlich. Nach jener ersten umfassenden Untersuchung über den Kapitalismus in Rußland, in der der Grundriß des Wirklichkeitsbildes festgelegt wird, das für Lenin maßgebend bleibt, bedeuten seine Untersuchungen und Schriften bei aller Sachlichkeit des Gedankenganges und bei aller Objektivität der Darstellung immer zugleich ein unmittelbares Eingreifen in das gesellschaftliche Werden. Jedes der zahlreichen Werke zielt in eine bestimmte Richtung, jede Untersuchung dient einer festumrissenen Absicht, jede Auseinandersetzung steht unter einem unverrückbaren konkreten Leitbild, dessen Ursprung in dem geschichtlichen Moment liegt, über den es hinausführen soll. Die dabei erstrebte Richtung wird nicht von eigenen Wünschen des Autors, sondern von dem objektiv erkannten Gang der Geschichte vorgeschrieben. Die Absicht der Untersuchungen ist, die Situation zu klären, Freund und Feind zu belehren, Irrtümer und Täuschungen zu beseitigen und im richtigen Moment zur rechten Handlung und Maßnahme zu führen. Das Denken hat keine andere Tendenz, als die es aus der geschichtlichen Bewegung empfängt, und das geistige Wirken und Schaffen gestaltet sich als Organ des historischen Prozesses.

Lenin will die Gesellschaft nicht zu einem nur von ihm selbst erstrebten Ziel hinführen. Er verwirklicht ihren Weg zu einer neuen, in ihr objektiv vorbereiteten Stufe hin. Er weiß dies, er tut es mit vollem Bewußtsein — er will nichts anderes sein und tun, als ihm durch diese Rolle eines denkenden, bewußten geschichtlichen Faktors vorgeschrieben ist. Es ist das Einzigartige dieser Persönlichkeit, daß es tief in ihrem Denken, Wirken und Wollen begründet liegt, nichts Persönliches um seiner selbst willen zu intendieren oder zu realisieren, und dabei doch die wirkende Kraft des Geistes und der Persönlichkeit am Punkte stärkster Widerstände zu beweisen.

So muß eine Biographie Lenins in allen irgend wesentlichen Punkten identisch sein mit einer Darstellung jenes geschichtlichen Prozesses, mit dem sein Leben verschmolzen ist von dem Augenblick an, in dem er die eigene Aufgabe und damit sich selbst begriffen hat und er er selbst wird. Der Sinn einer Lebensgeschichte Lenins für die soziologische Betrachtung nach seiner Art kann nur darin liegen, zu zeigen, wie sein individuelles Leben aus ihm selbst heraus sich zu jener Wesensart und Haltung hin entfaltet und in ihr verharrt, aus der er der wissenschaftliche und politische Repräsentant des revolutionären Gesellschaftsdenkens schlechthin wird. Wir versuchen dieser Aufgabe in Kürze zu dienen.[1])

Am 18. April 1870 wurde Wladimir Iljitsch Uljanow als Sohn eines Schulinspektors in Simbirsk geboren. Er studierte Rechts- und Staatswissenschaften an der Universität Kasan. Wegen seiner Teilnahme an einer revolutionären Kundgebung der Studenten wurde er von der Universität relegiert und verbannt. Später konnte er sein Studium fortsetzen, und 1889 legte er sein Staatsexamen ab. Nachdem er sich in Petersburg als Rechtsanwalt niedergelassen hatte, begab er sich in das Ausland, um mit dem damals maßgebenden russischen Marxisten Plechanow zusammenzutreffen. Zurückgekehrt wirkte er weiter im Sinne der Revolution. 1897 wurde er als Urheber des Petersburger Streiks verhaftet und für drei Jahre nach Sibirien verbannt. Dort schloß er sein großes volkswirtschaftliches Werk „Die Entwicklung des Kapitalismus in Rußland" ab. Im Jahre 1900 gründete er im Ausland mit Plechanow und anderen revolutionären Marxisten die Zeitschrift „Jskra" (Der Funke) als künftiges Organ einer einheitlichen intellektuellen Führung der russischen Sozialdemokratie. Nach dem Scheitern der russischen Revolution von 1905 verfaßte er, ebenfalls im Ausland, seine umfassende Kritik der Philosophie von Ernst Mach unter dem Titel: „Materialismus und Empiriokritizismus". Nach dem Ausbruch der russischen Revolution von 1907 kehrte er nach Rußland zurück. Während des ersten Weltkrieges lebte er wieder im Ausland. Nach dem Zusammenbruch des Zarismus wurde Lenin am 9. September 1917 Vorsitzender des Rates der Volkskommissare. Er führte die russische Revolution und das russische Volk bis zu seinem Tode am 21. Januar 1923.

Das individuelle Erlebnis, dem für Lenins Schicksal, Geistigkeit und Haltung eine ganz besondere Bedeutung beizumessen ist, ist das des Schicksals seines Bruders Alexander. Dieser wurde, 21 Jahre alt,

---

[1]) Für ein eingehenderes Studium verweisen wir auf die dem Verf. nach Abschluß dieser Darstellung zugänglich gewordene vorzügliche Darstellung „Lenin Wladimir Iljitsch", Moskau 1947.

während der Vorbereitung eines Attentats auf den Zaren Alexander III verhaftet und am 28. Mai 1887 hingerichtet. In den Erinnerungen von Lenins Witwe Nikolajewna Konstantinowa Krupskaja lesen wir darüber: „Das Schicksal des Bruders hat ohne Zweifel auf Wladimir Iljitsch tiefen Eindruck gemacht. Eine große Rolle spielte dabei der Umstand, daß Wladimir Iljitsch damals schon über vieles selbständig nachdachte und die Notwendigkeit des revolutionären Kampfes selbständig erwog. Wäre es anders gewesen, so hätte ihm das Schicksal des Bruders wahrscheinlich nur tiefen Kummer bereitet oder bestenfalls die Entschlossenheit und das Streben in ihm erzeugt, den Weg des Bruders zu gehen. Aber unter den gegebenen Umständen schärfte das Schicksal des Bruders sein Denkvermögen und entwickelte in ihm eine ungewöhnliche Nüchternheit, die Fähigkeit, der Wahrheit ins Auge zu schauen, sich keinen Augenblick lang durch Phrasen und Illusionen hinreißen zu lassen und mit größter Ehrlichkeit an alle Fragen heranzugehen"[1]). Dieses tiefeinschneidende Erlebnis rückt mit einem Schlag alles persönliche Denken und Wirken Lenins unter eine nicht mehr individuelle Notwendigkeit. Ein das Menschliche vernichtendes Schicksal macht den Menschen vor sich selbst zum Diener an einer überpersönlichen Aufgabe. Es kommt nun auf ihn selbst nicht mehr an.

Der revolutionäre Wille Lenins erhält im Unterschied zu der Mehrzahl der Intellektuellen, die nicht minder gegen die Gesellschaft seiner Zeit aufbegehren, eine Richtung auf die Gesamtaktion und überzeugt ihn von der Nutzlosigkeit individueller Terrorakte. Frau Krupskaja verzeichnet auch in anderen wesentlichen Punkten eine unmittelbare erlebnismäßige Berührung mit der Wirklichkeit. Bei Lenin ist nicht nur grundsätzlich die theoretische Überzeugung im Einklang mit der politischen Haltung und dem entsprechenden Tun, sondern die alltägliche Erfahrung bietet ihm Anschauungen, die auch sein persönliches Empfinden mit innerer Notwendigkeit in der Richtung seiner grundsätzlichen Überzeugung lenken. Obgleich selbst bürgerlicher Herkunft, ist Lenin nicht nur als Schüler der von ihm schon in früheren Jahren gründlich studierten Lehre von Marx davon überzeugt, daß die Bourgeoisie nicht fähig sein kann, an die Stelle der zaristischen Gesellschaft auf dauerhafte Weise eine bessere zu setzen, — er erlebt auch die menschliche Unzulänglichkeit des Bürgertums. Als seine Mutter zu dem verhafteten Sohn Alexander reisen will, ist von allen Freunden keiner bereit, sie zu begleiten. „Diese allgemeine Feigheit hat damals auf Wladimir Iljitsch, wie er erzählte, einen sehr starken Eindruck gemacht. Ohne

---

[1]) N. K. Krupskaja, „Erinnerungen an Lenin", Wien 1929, S. 10.

Zweifel hat dieses Jugenderlebnis Wladimir Iljitschs Verhältnis zur Gesellschaft, zu den Liberalen, stark beeinflußt. Er hat früh erfahren, wie wenig liberales Geschwätz wert ist[1])."

Eine besondere Gruppe aus der bürgerlichen Welt, gegen die Lenin immer entschieden auftritt, ist das Kleinbürgertum. Auch hierüber berichtet Frau Krupskaja von charakteristischen persönlichen Erfahrungen in der verhältnismäßig ruhigen und dem Nachdenken gewidmeten Zeit des unfreiwilligen Aufenthaltes in Sibirien. Bei der Arbeiterfamilie, bei der beide wohnten, besonders aber auch bei den Engländern, von denen sie Sprachunterricht erhielten, beobachteten sie die Grundsatzlosigkeit und Unzuverlässigkeit der kleinbürgerlichen Haltung. So erzählte ihnen ein Engländer — Verwalter eines großen Buchladens —, er sei überzeugter Sozialist; er sei sogar ein Zeitlang als Sozialist aufgetreten. Da habe ihn aber sein Chef zu sich rufen lassen und habe ihm erklärt, er könne Sozialisten nicht brauchen; wenn er bei ihm bleiben wolle, dann solle er den Mund halten. Daraufhin habe er sich gesagt: der Sozialismus kommt unvermeidlich, ganz unabhängig davon, ob du auftrittst oder nicht, und du hast Frau und Kinder. Jetzt gestehe er niemandem mehr, daß er Sozialist sei . . .[2]) Wenn Lenin später die Theorie von der „spontanen" Entwicklung der Gesellschaft zum Sozialismus so unerbittlich bekämpft, so mag ein solches anschauliches Erlebnis mit zu einer plastischen Vorstellung von ihren Konsequenzen beigetragen haben.

Dem Kleinbürger eines städtischen Daseins entspricht auf dem Lande der wohlhabende Bauer (Kulak). Lenin weist immer wieder nach, daß jene in seiner Zeit anfänglich weitverbreitete Auffassung, das russische Volksleben könne nur durch das Volk auf dem Lande wieder zu einer angemessenen gesellschaftlichen Ordnung gelangen und die Schäden des eingebrochenen Kapitalismus überwinden, völlig utopisch sei. Er zeigt, wie längst auch auf dem Land eine Entwicklung zu kapitalistischen Formen unvermeidlich geworden ist. Zu der Intensität, mit der jene „Volkstümlerei" von Lenin bekämpft wird, mag wiederum ein persönliches Erlebnis beigetragen haben. Nach den Berichten von Frau Krupskaja erzählte er ihr selbst einmal von einem Gespräch mit einem wohlhabenden Bauern, bei dem er wohnte, und demzufolge dieser einen Knecht, der ihm Leder gestohlen hatte, kurzerhand umgebracht habe. „Iljitsch sprach aus diesem Anlaß von der unbarmherzigen Rohheit des kleinen Eigentümers, von der schonungslosen Ausbeutung der Knechte[3])."

---

[1]) N. K. Krupskaja, a. a. O., S. 8.
[2]) N. K. Krupskaja, a. a. O., S. 81.
[3]) N. K. Krupskaja, a. a. O., S. 34/35.

Einem zugleich zielbewußt auf eine vollkommene Wandlung der Gesellschaft gerichteten wie realistisch denkenden Geist, wie Lenin, konnte eine solche Erfahrung keine nur gelegentliche bleiben — sie mußte eingehen in die Lebensanschauung und grundsätzliche Konsequenzen haben.

Das gleiche gilt erst recht für die positive Seite seines Denkens. Während Frau Krupskaja ein späteres Abfallen des einflußreichen marxistischen Theoretikers Plechanow darauf zurückführt, daß er in den langen Jahren des Exils keine Berührung mehr haben konnte mit der Welt der russischen Arbeiter[1]), schildert sie andererseits, wie intensiv Lenin jeder Berührung mit den Arbeitern innerlich nachging. Ein Brief von Arbeitern der Odessaer Steinbrüche etwa, unvollkommen in der Form, aber Ausdruck unerschöpflicher Energie und Kampfbereitschaft, wurde von Lenin immer wieder gelesen und machte ihn tief nachdenklich[2]). Frau Krupskaja faßt ihr Bild von Lenin mit folgenden Worten zusammen: „In Wladimir Iljitsch lebte der tiefste Glaube an den Klasseninstinkt des Proletariats, an seine schöpferische Kraft, an seine geschichtliche Mission. Dieser Glaube war bei Wladimir Iljitsch nicht auf einmal entstanden, er erwuchs in ihm in jenen Jahren, als er die Marx'sche Theorie des Klassenkampfes studierte, als er im Kampf mit der Weltanschauung der alten Revolutionäre lernte, dem Heldenmut individueller Kämpfer die Kraft und das Heldentum des Klassenkampfes entgegenzusetzen. Es war kein blinder Glaube an eine unbekannte Macht, es war die tiefe Überzeugung von der Kraft des Proletariats, von seiner gewaltigen Rolle für die Befreiung der Werktätigen, eine Überzeugung, die auf tiefer Sachkenntnis beruhte, auf gewissenhaftestem Studium der Wirklichkeit. Die Tätigkeit unter den Petersburger Arbeitern hatte diesen Glauben an die Macht der Arbeiterklasse zu lebendigen Gestalten werden lassen[3])." — Die gegebenen Hinweise auf das Individuelle des Daseins von Lenin haben soziologisch nur begrenzten Wert. Aber sie enthüllen Quellpunkte persönlicher Erfahrungen, die den Werdenden auf seinem Weg bestärkten und zeigen den seiner Aufgabe bewußten und seines Wollens sicheren Denker und Politiker im unmittelbaren erlebnismäßigen Kontakt mit der Mitwelt. Alles Wesentliche spricht sich in seinem uns vorliegenden literarischen Werk aus.

Dieses Werk ist als ein zugleich politisches, die fortschreitende Chronik des Wirkens von Lenin als einer entscheidenden geistigen

1) N. K. Krupskaja, a. a. O., S. 64.
2) N. K. Krupskaja, a. a. O., S. 132.
3) N. K. Krupskaja, a. a. O., S. 131/132.

Kraft im revolutionären Prozeß der modernen Gesellschaft. Es zeigt sein soziologisches Denken als die Entfaltung des politischen Bewußtseins der durch ihn zur Herrschaft geführten proletarischen Klasse. Wenn wir es verstehen wollen, haben wir in dreifacher Richtung über sein individuelles Denken und Erleben hinauszugehen. Wir müssen zunächst die Soziologie Lenins im Zusammenhang mit der sozialen Entwicklung der russischen Gesellschaft sehen. Ihr grundsätzlicher Gehalt klärt sich weiter in einer Gegenüberstellung mit dem theoretischen Ertrag anderer wesentlicher geistig-gesellschaftlicher Tendenzen, im Gegensatz zu denen er sich im Werk Lenins herausgearbeitet hat. Die politischen Grundlagen des proletarischen Kampfes und die, ihn entscheidend mitgestaltende politische Tendenz der Soziologie Lenins, verlangen nach einer Kontrastierung mit den Hauptrichtungen des politischen Lebens und mit den besonderen Elementen des gesellschaftlichen Daseins, auf die sie sich beziehen. Durch diese dreifache historisch-soziologische Eingrenzung und Deutung wird der soziologische Gehalt von Lenins Schriften nach seiner geschichtlich-gesellschaftlichen Besonderheit erfaßbar. Der grundsätzliche Gehalt des soziologischen Denkens von Lenin zeigt sich beispielhaft als Fortführung des historischen Materialismus. Lenin begründet erkenntnistheoretisch die materialistische Soziologie im Gegensatz zu ihrer „subjektiven" Form. Seine Interpretation der Kommune bietet ein Kernstück der sozialistischen Gesellschaftslehre. Sie hebt sich ab gegen die romantische Theorie der Landgemeinde (des Artels) und gegen die anarchistische Auffassungsweise der Kommune bei Bakunin. Lenins Ansicht über das Verhältnis von Intelligenz, Masse und Revolution legt über ihren erkenntnismäßigen Gehalt hinaus die politische Struktur der bolschewistischen Gesellschaft fest.

III. Die geschichtliche Besonderheit der russischen Gesellschaft und die Soziologie Lenins

Wenn irgendein soziologisches Denken, um verstanden zu werden, beanspruchen darf, daß es in seiner Wechselwirkung mit der gesellschaftlichen Wirklichkeit erforscht und dargestellt wird, dann die Soziologie Lenins, die sich in seinem umfangreichen Gedankenwerk ausspricht. Sie ist eng verbunden mit einer epochalen geschichtlichen Phase der russischen Gesellschaft, auf deren Entwicklung sie sich eng bezieht und an deren schicksalsvollster Wandlung sie entscheidend beteiligt ist. Es ist unmöglich, in den Geist, den Sinn und die Absicht des soziologischen Denkens von Lenin einzudringen, ohne die russische gesellschaftliche Welt vor Augen zu haben, auf die es sich forschend, richtend und fordernd bezieht und deren revolutionärer Sturz sein beharrliches Ziel ist. Unser Bemühen um eine Erkenntnis der Soziologie Lenins muß sich daher zuerst darauf richten, die Grundsätze der russischen Gesellschaft zu erkennen, die ihr in der Neuzeit jenes besondere Gepräge geben, durch das gerade sie zu einem besonders leidenschaftlich ergriffenen Problem der gesellschaftlichen Kritik werden mußte und das sie in eine revolutionäre Wandlung von bisher beispielloser Intensität hineinführte. Gleichwohl ist die Absicht dieser Untersuchung keine historische. Es wird nicht erstrebt, die Geschichte der russischen modernen Gesellschaft und des mit ihr eng verbundenen soziologischen Denkens von Lenin um der Erkenntnis ihres tatsächlichen Ablaufes willen zu untersuchen. Wir wollen versuchen, aus einer andersgearteten gesellschaftlichen Wirklichkeit heraus und von anderen geschichtlichen Voraussetzungen aus uns durch ein Herausheben von solchen gesellschaftlich-geschichtlichen Wesenszügen, die zu unserer bisherigen eigenen Erfahrungswelt kontrastieren, den Weg zum Verständnis der grundsätzlichen und allgemein gültigen Gehalte im soziologischen Denken des größten Revolutionärs der russischen Geschichte zu bahnen. Bei aller Berücksichtigung der geschichtlichen Schicksale ist unsere Absicht somit eine **systematische**. Nur so vermag das Ergebnis jenen Grad überhistorischer Gültigkeit zu erreichen, der es uns möglich macht, für die Erkenntnis unserer gesellschaftlichen Gegenwart von ihm zu lernen und es als wesentlichen Beitrag zur wissenschaftlichen Soziologie in unserem Sinne fruchtbar zu machen.

Wenn man die Eigenart der ganz und vollkommen von dem Gedanken der Revolution erfüllten soziologischen Schriften Lenins verstehen will, dann wird man vor die Frage geführt, warum gerade Rußland diesen Typus einer auf das äußerste Maß gesteigerten revolutionären Gesinnung hervorbringen mußte. Die Antwort kann nur sein: weil Rußland radikaler als irgendein anderes Land eine revolutionäre Situation in sich heranwachsen ließ, die nur durch ein solches Denken angemessen begriffen werden konnte. Die Würdigung der wesentlichen Gründe und Prinzipien der zur Revolution hinführenden gesellschaftlichen Entwicklung ist somit die Voraussetzung für ein Verständnis der Soziologie Lenins[1]).

Das Prinzip der gesellschaftlichen Ordnung, das die russische Geschichte mit charakteristischer Ausschließlichkeit und Konsequenz beherrscht und gegen das sich jeder Versuch einer Umgestaltung der gesellschaftlichen Wirklichkeit notwendigerweise als ein radikal kritischer und schließlich revolutionärer absetzen muß, ist das der **Autokratie des Zaren**. Diese, weit mehr asiatisch als irgendeiner europäischen Herrschaftsform ähnlich, erlaubt keine vermittelnden Übergänge, sie ist auch geschichtlicher Wandlungen nicht fähig. Sie gilt, oder sie zerbricht. Sie kann nicht abgeschwächt werden, ohne sich im Wesen aufzulösen, und wo sie sich zeitweise notgedrungen durch Annahme konstitutioneller Formen anpaßt, muß sie, solange sie sich selbst überhaupt gleichen will, zur Wiederherstellung des alten Zustandes hindrängen. Es gibt keinen Ausgleich zwischen Autokratie und moderner Mitbestimmung der „Gesellschaft" in politischen Fragen, und das Zarentum bedeutet jene Form der Monarchie, die jede Mitwirkung repräsentativer Mächte aus dem Volke heraus schlechterdings verbietet.

---

1) Wir legen unserer Darstellung die Forschungsergebnisse eines Autors zugrunde, der die Revolution als das geschichtliche Ende der Jahrhunderte zaristischer Herrschaft eher beklagt als begrüßt. Aus dem Material, das der 2. Halbband des IV. Bandes von Karl Stählins „Geschichte Rußlands von den Anfängen bis zur Gegenwart", Königsberg—Berlin 1939, darbietet, wird die gesellschaftliche Entwicklung, die die Revolution unvermeidlich machte, klar ersichtlich. Damit dürfte auch für den „westlich" orientierten Denker jenes Maß an Objektivität gesichert sein, das bei einem so ungemein stark im Kampf der politischen Tendenzen umstrittenen Gegenstand, wie der russischen Revolution und der sie gedanklich vorbereitenden Soziologie Lenins, überhaupt erreicht werden kann.

Weil die russische Monarchie eine zaristische ihrem Wesen nach war und blieb, deshalb mußte sie in eine weit schärfere Spannung zu den modernen gesellschaftlichen Mächten kommen, als dies in jenen Monarchien der Fall war, die ihren Herrschaftsanspruch frühzeitig mehr oder minder freiwillig begrenzen lernten und denen eine andere innere Struktur die Möglichkeit gab, sich in „aufgeklärter" Weise in die allgemeine Entwicklung zu „liberaleren" Formen der persönlichen Repräsentation und Führung einzuordnen. Lenin nennt die russische Monarchie eine „halbasiatische" und er spricht von ihrer asiatischen Praxis[1]). Diese Bezeichnung charakterisiert das Prinzip der Autokratie des Zaren deutlich, und es bedeutet keinen Widerspruch gegen das Wesen der asiatischen Despotie, wenn die Selbstherrschaft des Zaren einen Abglanz von Herrschermacht auch auf eine ihm wesensverbundene Schicht feudaler Gewalthaber erstreckt. Der Zar und die an seiner Alleinherrschaft teilnehmende feudale Oberschicht sind wie eine Familie höherer Wesen, die von der Masse des Volkes durch eine unübersteigliche Kluft geschieden bleibt.

Jeder Versuch, durch eine Repräsentation selbst nur eines Teiles dieses Volkes eine Macht neben der in der Person des Zaren zentrierten und von ihm ausstrahlenden höchsten Gewalt zu begründen, ist daher im Prinzip Revolution. Die Gewalt des Zaren ist im Vergleich zu der übrigen Gesellschaft schlechthin jenseitig begründet. Der Zar ist zugleich die höchste Spitze der ebenfalls unbedingt jenseitig verankerten Kirche. Zarentum und orthodoxes Christentum gehören notwendig zusammen. Nur dem sich in die diesseitige, reale Gesellschaft einordnenden „aufgeklärten" Menschen und Herrscher ist es möglich und erlaubt, neben sich eine Vertretung des Volkes mit politischem Machtanspruch zu dulden, wie es auch nur für die westlichen Formen, besonders des protestantischen Christentums charakteristisch ist, daß sie sich einer realistischen Auslegung der christlichen Dogmen weithin nähern und der „Welt" einen eigenen Sinn, ein eigenes Recht und eine eigene „geschichtliche" Bedeutung lassen. Gegenüber dem Ewigkeitsanspruch der zaristischen Autokratie und dem orthodoxen Christentum bedeutet der Gedanke einer in sich selbst sinnvollen und notwendigen Geschichte prinzipiell nicht weniger Revolution als der Anspruch neu auftretender Träger dieser Geschichte auf Mitherrschaft. Eine Auffassung vollends, die das ganze Wesen der Gesellschaft als ein durch und durch geschichtliches ansieht, die den ganzen Sinn der gesellschaftlichen Existenz als vollkommen diesseitig bewertet und

---

[1]) Ausgew. W., Moskau, 1946; I. S. 564.

ihn ohne die mindeste Bindung an ein jenseitiges Prinzip ganz in den geschichtlichen Prozeß hineinverlegt, wie dies bei der „materialistischen", dialektischen Geschichtsauffassung der Fall ist, ist daher der äußerste denkbare Gegensatz zu dem gesellschaftlichen Wesen der zaristischen Autokratie und Orthodoxie. Aus diesem Grunde konnte und mußte eine Intelligenz, die dem Zarismus radikal und konsequent revolutionär entgegentreten wollte, mit unausweichlicher Notwendigkeit in der Marxschen Geschichtsauffassung ihre politische Idee und zugleich ihre „Anweisung zum Handeln" finden. Autokratie und transzendent gerichtete Orthodoxie im Kampf um die Erhaltung einer politisch-geistigen Führungsmacht, für die es wesensmäßig keinen Kompromiß und keine Zugeständnisse geben kann, stehen auf der einen Seite. Auf der anderen Seite arbeitet sich eine moderne, prinzipiell diesseitig und realistisch orientierte, gesellschaftlich breite Schicht zum Bewußtsein ihrer eigenständigen Bedeutung und ihres Rechtes auf einen um seiner selbst willen anerkannten Platz in der Gesellschaft herauf. Sie verlangt nach einer Begründung der politischen Macht auf der gegebenen Wirklichkeit der Masse des Volkes und sie verlegt den Ursprung und das Wirken des Geistes in die geschichtliche Bewegung der gleichen gesellschaftlichen Realität hinein, in der sie sich als Träger einer neuen Stufe des unablässigen Werdeprozesses begreift. Die Soziologie Lenins, in der sich die materialistische Geschichtsauffassung bewußt als Prinzip des politischen Handelns bestimmt, ist somit der unmittelbare und notwendige Ausdruck der gesellschaftlich-realen Gegenmacht gegen die traditionellen und neuen Herrschaftsträger, die in der modernen, in sich selbst begründeten und diesseitig gerichteten Massenwirklichkeit entsteht und ihre Rechte geltend macht. Es genügt, daß diese „materialistische" gesellschaftliche Wirklichkeit als eine solche erkannt und geltend gemacht wird, um das Prinzip einer Revolution in die Gesellschaft einzuführen, die keinerlei Ausgleich mit der traditionellen, transzendent begründeten Autokratie des Zaren und seiner orthodox-theologischen Auslegung erlauben kann. Jede Gruppierung der Gesellschaft, die in sich selbst beruht und aus ihrem Dasein allein zugleich ein Existenzrecht und einen Machtanspruch herleitet, ist revolutionär gegenüber dem Zarismus.

Es ist unmöglich, die zaristische Autokratie und die mit ihr eng verbundene Aristokratie mit irgendeiner Form der Demokratie zu versöhnen. Außerhalb der vom Zaren freiwillig und widerruflich gewährten und somit von seiner Allgewalt abgeleiteten Rechte gibt es keine gesellschaftliche Existenz. Von einer in sich selbst, in ihrer eigenständigen Realität sinnvollen Gesellschaft und Geschichte wird der Gedanke der vom göttlichen Jenseits zuletzt abgeleiteten Herrschaft radikal negiert. In diesem Sinne braucht es gar keine bewußte und ausdrückliche Reflexion. Rein als Tatsache bedeutet jedes Heranwachsen einer ihrer selbst als einer eigenbedeutsamen und in sich selbst begründeten, bewußten Klasse und einer entsprechenden Geistigkeit („Intelligenz") im Prinzip Revolution. Die marxistische Gesellschafts- und Geschichtsauffassung, die gerade diesen Sachverhalt zum Inhalt ihrer Theorien hat und sich als Bewußtsein der radikal nur diesseitig existierenden und nur „materialistisch" denkenden Schicht des Proletariats weiß, ist somit der folgerichtige und vollkommene Ausdruck der mit der gegebenen Realität der Masse in Rußland mehr als anderwärts zwangsläufig an sich revolutionären Situation. Lenin als konsequenter Repräsentant dieser Auffassung, der ihre aktivistische Tendenz heraushebt und sich zum Instrument ihrer Verwirklichung macht, ist somit von seinem ersten, prinzipiell marxistischen Ansatzpunkt aus wesenseins mit der Revolution. Er stellt den radikalen Gegensatz dar zu dem beharrlichen Weiterbestehen der zaristischen Autokratie, in seinem Wesen, Denken und Wirken. Er ist der Soziologe des politischen Selbstbewußtseins des Proletariats als der prinzipiell rein diesseitig orientierten, durch den Prozeß der Entwicklung der Produktionsmittel gesellschaftlich entstandenen Schicht der Gesellschaft. Der Vollzug der Revolution durch Lenin, ein Akt der vollkommenen Beseitigung der zaristischen Herrschaft, ist nichts anderes als ein letzter Akt der Selbstverwirklichung und des Durchsetzens einer bis dahin außerhalb „geschichtlicher" Geltung und nur als Potenz, nicht aber als Wirklichkeit existierenden Klasse.

In der gleichzeitigen Existenz des Zarismus — als der äußeren und prinzipiell eines Kompromisses unfähigen Form der transzendent-ideenmäßig begründeten Autokratie — einerseits und des Proletariats und der es als Wirklichkeit interpretierenden „Intelligenz" andererseits liegt eine Spannung von einer Weite und ein Gegensatz von einer Intensität, wie er in den westlichen Ländern längst nicht mehr möglich war. Die Spannung zwischen diesen äußersten gegensätzlichen Polen ist der Ursprung der Dynamik in der Geschichte der modernen russischen Gesellschaft. Diese mußte eine revolutionäre werden in dem Maß, in dem der Mensch der Masse sich seiner selbst als einer, ja der alles gesellschaftliche Leben durch seine Arbeit tragenden Wirklichkeit bewußt wurde.

Interpret, Führer und Lehrer dieser Wirklichkeit des Volkes ist Lenin. Für seinen realistischen Blick löst sich die mystische „Einheit des Zaren mit dem Volk“ in eine Fiktion aus — sie ist praktisch nur „mit Hilfe einer Armee von Beamten und Polizisten“ möglich, „die die Dauerhaftigkeit der dem Volke angelegten Maulkörbe zu behüten haben[1]). Die „Reichsduma“, mit der eine Vertretung des Volkes noch einmal einen Einklang des Volkswillens mit dem Willen des Zaren darstellen soll, täuscht ihn nicht; denn „die gesamte städtische Arbeiterklasse, die gesamte Dorfarmut, die Landarbeiter, die Bauern ohne eigenes Haus und eigene Wirtschaft nehmen überhaupt an keiner Wahl teil“. Dies ist aber das Volk in seiner Masse, zu dessen Anwalt Lenin sich macht und mit dessen Vorrücken in den geschichtlichen Raum und in das politisch-gesellschaftliche Bewußtsein das Prinzip der Autokratie aufgehoben wird. Die durch die Reichsduma von 1906 fingierte „Einheit des Zaren mit dem Volk“ ist in Wahrheit nur die „Einheit des Zaren mit den Großgrundbesitzern und den Kapitalisten, ergänzt durch eine Handvoll reicher Bauern bei Unterstellung aller Wahlen unter die strengste Polizeikontrolle“[2]).

Lenin unterscheidet zu dem für den inneren und äußeren Bestand der zaristischen Autokratie und damit der russischen Gesellschaftsform vor der Revolution entscheidend wichtigen Dogma der „Einheit des Zaren mit dem Volke und des Volkes mit dem Zaren“ (Manifest vom 19. (6) August 1906) drei verschiedene Theorien. Die erste ist die der Beratung des Zaren mit dem Volk. Die Grenzen, die dieser gesetzt sind, erweisen sich offenkundig mit der Reichsduma: der Zar bestimmt, wen er als Volk ansieht und mit wem er sich zu beraten wünscht. Die zweite Theorie ist die der Verständigung des Zaren mit dem Volke. Sie besagt, daß der Zar den Willen des Volkes berücksichtigen soll, ohne daß er ihm unterworfen wäre. Entscheidend für Richtung und Ausmaß der Verständigung ist die reale Macht in der Hand des Zaren. Die dritte Theorie will vom Standpunkt der Volkssouveränität aus zunächst volle Wahl- und Agitationsfreiheit gesichert sehen, um dann einer in allgemeiner gleicher direkter Wahl gewählten wirklich allgemeinen konstituierenden Versammlung die ganze Macht in die Hand zu geben. Sie ist als Ausdruck wirklicher Volkssouveränität die Repräsentation der Wirklichkeit des Volkes — damit das Ende der Autokratie und des Zarentums. Der vom Zaren mit der Reichsduma in autokratisch bestimmten Grenzen beschrittene Weg der Einigung des Zaren mit dem Volke führt also in dem Grade zur Aufhebung des Zarentums, in dem das tatsächliche Volk wirklich zum Ausdruck kommt[3]). Das

[1]) Ges. W., Bd. VIII, S. 204.
[2]) Stählin, a. a. O., S. 205.
[3]) Lenin, Ges. W., Bd. VIII, S. 207/208.

Prinzip der russischen Gesellschaftsform im Zarismus ist als transzendentes, der Idee nach irreales, praktisch nur noch mit Gewalt zu wahren, sobald und in dem Umfang, in dem die der autokratischen Herrschaft unterworfene Masse des Volkes sich ihrer selbst als Wirklichkeit bewußt wird und als solche auch politisch repräsentiert und respektiert werden will. Dieser soziologische Grundsachverhalt bestimmt die theoretische und praktisch-politische Position Lenins. Er formt die Struktur der russischen Gesellschaft im letzten Stadium des Zarismus.

1. Die russische Gesellschaft im letzten Stadium der zaristischen Selbstherrschaft

Um die Mitte des vorigen Jahrhunderts verfaßte der Kritiker der russischen Gesellschaft Alexander Herzen eine kurze Novelle, in der er einen „Geisteskranken" darstellt, dessen Denken — weil er voller Einsicht ist! — von einem in der Wirklichkeit liegenden Widerspruch zerrissen wird. Er stellt ihn einem gesunden Arzt gegenüber, der mit der „normalen" Logik einer oberflächlichen Vernünftigkeit lebt und darum überhaupt keinen Zusammenhang mit der wahren Wirklichkeit hat. Er gehört nach Herzens Charakteristik zu der Zahl jener praktischen „sozusagen epidemischen" Intelligenzen, welche über die Kategorien des Verstandes und über die angenommenen Meinungen nicht nur nicht hinausgehen, sondern auch nicht hinausgehen wollen[1]). Die bestehende vollkommene innere Verkehrung der gesellschaftlichen Wirklichkeit wird damit bezeichnet, daß der Gesunde der nichts Begreifende, der „Kranke" aber der Wissende ist. Die noch sehr weite Distanz des gesunden, aber banalen alltäglichen Bewußtseins von der eigentlichen wahren Wirklichkeit der Gesellschaft wird dadurch ausgedrückt, daß der „normal" denkende Mensch dem Kranken gegenüber ohne irgendein tieferes Verständnis eine alltägliche Daseinshaltung vertritt, die sich dem tiefen Widerspruch in der Welt und in der Gesellschaft verschließt und die darum auch den Einblicken des mit feiner Spürfähigkeit begabten „Kranken" nicht zu folgen vermag. Jener Widerspruch zerreißt die Gesellschaft in zwei für sich allein unglückliche, entartende Klassen, in die herrschende Schicht und in die „Masse", wobei das, was diesen letzteren Namen trägt, „beinahe die ganze menschliche Rasse" ist. Dieser Masse ist es nicht gegönnt, zu leben, wie sie möchte. „Die Zivilisation kommt ihr teuer zu stehen. Der

[1]) „Der Geisteskranke", Berlin 1918; S. 18/19.

Staat, die Religion, die Soldaten lassen die Massen vor Hunger sterben. Nur um sie völlig zu ruinieren, entfalten sie vor ihren Augen den eigenen Reichtum, entwickeln bei ihnen unnatürliche Neigungen und überflüssige Bedürfnisse und entziehen ihnen dabei die Mittel, dieselben zu befriedigen — das ist die traurige herzzerreißende Lage. Unten drängt sich ‚pulule' eine Bevölkerung, überhäuft mit Arbeit und erschöpft von Hunger, oben verwaltet eine andere, welche überhäuft ist mit Gedanken, mit erschöpfenden Bestrebungen, auf die es ebensowenig eine Antwort gibt, als es Brot gibt für den Hunger der Armen"[1]).

In dieser inneren Situation des gesellschaftlichen Daseins erkennen wir das geistige Wesen des Ursprungs der russischen Revolution. Ihrem Fortschreiten entspricht ein Wandel in der Situation des die Gesellschaft erkennenden Bewußtseins. Herzens Intuition kann sich nur im Denken eines „Geisteskranken" aussprechen, weil ein so grauenhafter Befund ein gesundes Bewußtsein sprengt: „Die Geschichte zerstört den Menschen — sagen Sie, was Sie wollen — ich sehe es, sie zerstört ihn", sagt der „Geisteskranke" Eugen Nikolajewitsch[2]). Auch darf eine so gefährliche Erkenntnis überhaupt nur unter dem Deckmantel des Irrsinns formuliert werden, so daß die „geisteskranke" Einsicht zu der modernen Nachfolge der Narrenweisheit bei Shakespeare wird. Gegen alle Hemmungen, gegen alle Widerstände der durch sie gefährdeten Mächte und gegen die am Fortbestand der alten Gesellschaftsform interessierten Kreise tritt die Wahrheit aus ihrem Narrengewand mit der Entwicklung der revolutionären Situation immer offenkundiger in das nüchterne Bewußtsein der alltäglichen Erkenntnis. In dem Maß, in dem die menschliche Wirklichkeit zur Klarheit über ihre nicht mehr zu ertragende gesellschaftliche Situation gelangt, also revolutionär wird, tritt auch das Bewußtsein des soziologischen Sachverhaltes in seiner allgemeinen Gestalt aus der Abseitigkeit heraus, gewinnt Festigkeit in sich und entwickelt schließlich jene unnachgiebige Stoßkraft, die den alten Gesellschaftsbau stürzt. Die Entwicklung dieses Bewußtseins in der Geschichte der modernen russischen Gesellschaft ist unlösbar verknüpft mit dem Wirken Lenins.

Wie tief die Gegensätze zwischen der Realität und dem herrschenden, sich von Gott allein eingesetzt glaubenden autokratischen System sich inzwischen eingegraben hatten, ist für den außenstehenden Betrachter, namentlich heute, kaum mehr begreiflich. Als eine Hungersnot im kornreichen Rußland 1891 furchtbar wütet,

[1]) a. a. O., S. 22.
[2]) a. a. O., S. 16.

glauben der Zar und seine Familie die Berichte einfach nicht. Das ist kein Sonderfall, vielmehr erklärt ein Beobachter grundsätzlich, „krasse Unkenntnis der nackten Wahrheit" und „Illusionen und Vorurteile bezüglich der Vorgänge im Innern des Landes" seien charakteristisch für die herrschende Schicht[1]). Drei Mächte sind es, die teils miteinander, teils gegeneinander die russische Gesellschaft gestalten: das autokratische Zarentum, die Bauernschaft, die moderne Industrie. Alle drei haben ihren eigenen, ihrer Position und Geschichte entsprechenden Geist, der nur schwer zu sich selbst hinfindet und noch schwieriger, wenn überhaupt, die Fähigkeit erwirbt, den anderen zu begreifen oder gar sich selbst im gesellschaftlichen Ganzen zu sehen oder dieses Ganze zu verstehen lernt. Alle drei kämpfen um ihren Bestand und ihre Zukunft.

Für den Zarismus und damit für die gesellschaftlich-geistige Struktur der traditionellen russischen Herrschaftsform ist es wesentlich, daß der Zar als oberster Kirchenherr seine Herrschaft zugleich auch als eine gottgewollte ansieht. Es ist der byzantinische Geist, der mit der Herrschaft einer von Byzanz eingeführten Orthodoxie eine ausgeprägte Theokratie des Zaren begründet. Mit dem praktischen christlichen Ethos und mit der ursprünglichen christlichen Religiosität hat eine solche Form nichts zu tun. Diese werden ersetzt durch die formale, byzantinische Rechtgläubigkeit. Um ein christliches Leben, das immer ein persönliches ist, und um eine lebensnahe und persönliche christliche Gläubigkeit zu entfalten, fehlten dem russischen Leben in der Masse die Voraussetzungen. Vollends ist das rein intellektuelle Niveau nicht gegeben, das es der Masse der Gläubigen ermöglichen könnte, die übernommenen Glaubenslehren geistig zu verarbeiten. Das hat von Anbeginn eine dreifache Folge: die Macht des Zaren, die über die Feinde der Kirche gesiegt und die inneren Gegner seiner Autokratie einmal unterworfen hat, muß dem ungebildeten Volke und den ungebildeten Priestern die Macht Gottes darstellen, urteilt Th. Masaryk[2]). Weiterhin fehlt dieser orthodoxen Geistigkeit ihre innere Entwicklungsmöglichkeit. Sie bleibt notwendig starr, sie kann sich nicht in Wechselwirkung mit den Lebensfragen des gesellschaftlichen Daseins weiterentwickeln und sie vermag es nicht, ethisch gestaltend auf die Gesellschaft einzuwirken. Von dem Unterrichtsminister Grafen Uvarov wird aus dem Jahre 1833 das Wort berichtet: „Der Russe, der dem Vaterland ergeben ist, läßt sich ebensowenig ein Dogma unserer Orthodoxie abhanden kommen, als er den Raub einer Perle aus der

---

1) Stählin, a. a. O., S. 604.

2) „Zur russischen Geschichte und Religionsphilosophie", Jena 1913, Band 1, S. 40.

Krone Monomachs zuläßt. Die Autokratie bildet die Hauptbedingung der politischen Existenz Rußlands"[1]). Im Sinne dieser herrschenden gesellschaftlich-geistlichen Oberschicht wird endlich eine Form der Unterwürfigkeit der Masse gegenüber einer nicht verstandenen aber blindlings als höher verehrten geistlichen Führung entwickelt und durch die Jahrhunderte hindurch festgehalten, die sich unterscheidet von allen jenen „westlichen" Tendenzen, deren Sinn und Ziel seit dem Humanismus und der Reformation, vor allem aber seit dem Sieg des liberalen Bürgertums, darin besteht, die eigene Vernunft jeder individuellen Persönlichkeit zu befreien und zur Geltung zu bringen. Der gesellschaftliche Gegensatz von herrschender und unterworfener Schicht ist somit grundsätzlich verbunden mit der religiös-kirchlichen Heiligung der Herrschaft des Zaren und der Familie der mit ihm herrschenden feudalen Schicht und mit der geistlichen Abhängigkeit der zu individuellem, persönlichem und geistigem Leben grundsätzlich nicht bestimmten „Masse".

Daraus ergeben sich zwei Folgen: die sich heranbildende revolutionäre Haltung, verkörpert in einer freien „Intelligenz", muß von vornherein in scharfer Opposition zu aller Religiosität stehen. Denn diese, als orthodoxe, ist prinzipiell allem individuellen und realistischen Denken entgegengesetzt. Sie sanktioniert die Herrschaft der Autokratie und vertieft die Kluft zwischen feudaler Schicht und Masse. Lenin formuliert seinen Standpunkt zu der Frage der Religion zusammenfassend in der Auseinandersetzung mit Maxim Gorki. Dieser hatte in einem Brief an ihn geäußert: „Gott ist der Komplex jener von Rasse, Nation, Menschheit erschaffenen Ideen, die die sozialen Gefühle wecken und organisieren, mit dem Ziele, die Persönlichkeit mit der Gesellschaft zu vereinigen, den zoologischen Individualismus zu zügeln." Lenin antwortet darauf, diese Theorie sei offensichtlich falsch und reaktionär. Mit einer solchen Auffassung werde, nach dem Ebenbild der christlichen Sozialisten, der schlimmsten Art des „Sozialismus" und seiner schlimmsten Verzerrung, „der Hokus-Pokus des Popentums wiederholt". Aus der Gottesidee werde ausgeschaltet, was ihr historisch und in der Lebenspraxis anhafte: „Teufelsspuk, Vorurteile, Heiligsprechung der Unwissenheit und Verschüchtertheit einerseits, der Leibeigenschaft und der Monarchie andererseits". Was als persönliche Idee des Dichters auf „Wahrheit" und „Gerechtigkeit" hinweisen wolle, erweise sich tatsächlich, einmal in das Wirken der Wechselbeziehung zwischen den sozialen Kräften hineingetreten,

[1]) Masaryk, a. a. O., Bd. 1, S. 94.

als Ausdruck der reaktionären Tendenzen. „Indem Sie die Gottesidee ausschmücken," fügt Lenin hinzu, „schmücken Sie die Ketten, mit denen Sie die unwissenden Arbeiter und Bauern fesseln"[1]. Er faßt seine Ansicht zusammen in den Sätzen: „Gott ist (historisch und praktisch) zu allererst ein Komplex von Ideen, die durch die stumpfsinnige Niedergedrücktheit des Menschen und die äußere Natur und die Klassenunterdrückung erzeugt wurden — von Ideen, die diese Niedergedrücktheit festigen, die den Klassenkampf einschläfern. Es gab eine Zeit in der Geschichte, da trotz eines solchen Ursprungs und einer solchen tatsächlichen Bedeutung der Gottesidee der Kampf der Demokratie und des Proletariats in Gestalt des Kampfes einer religiösen Idee wider die andere vor sich ging. Aber auch diese Zeit ist längst vorüber. Jetzt ist, sowohl in Europa als auch in Rußland, jede, selbst die raffinierteste, die wohlgemeinteste Verteidigung oder Rechtfertigung der Gottesidee — eine Rechtfertigung der Reaktion"[2]. Im Gegensatz zu der Erklärung Gorkis in der angeführten Stelle formuliert Lenin: „In Wirklichkeit hat nicht die Gottesidee den ‚zoologischen Individualismus' gezügelt; das tat sowohl die ursprüngliche Herde, als auch die ursprüngliche Kommune. Die Gottesidee hat die ‚sozialen Gefühle' immer eingeschläfert und abgestumpft und Lebendes durch Totes ersetzt, da sie immer die Idee einer Sklaverei (der schlimmsten, rettungslosen Sklaverei) war. Nie hat die Gottesidee ‚die Persönlichkeit mit der Gesellschaft verbunden', aber immer fesselte sie die unterdrückten Klassen durch den Glauben an die Göttlichkeit der Unterdrücker. Bürgerlich ist Ihre Definition (und nicht wissenschaftlich, nicht historisch), weil sie mit undifferenzierten, allgemeinen, ‚robinsonhaften' Begriffen überhaupt — und nicht mit bestimmten Klassen einer bestimmten geschichtlichen Epoche operiert"[3]. Ein wissenschaftliches und historisches Denken im Sinne Lenins und eine revolutionäre Politik muß daher notwendigerweise gegen jedes Anklingen der Gottesidee und religiöser Motive entschieden Stellung nehmen (s. Textauswahl I).

Wie eine religiöse Motivation des Denkens und Handelns, nach Lenin, bereits zwangsläufig ein Zugeständnis an die Reaktion ist, so kann sich die revolutionäre Aktivität auch nicht auf das Bürgertum stützen, das innerlich nicht immun ist gegen die Einflüsse der herrschenden Aristokratie. Nur die Masse des Volkes, die bislang von allem Anteil an irgendwelchen öffentlichen Rechten frei geblieben ist, vermag den vollkommen zuverlässigen Träger der revolutio-

---

[1] „Briefe an Maxim Gorki", Wien 1924, S. 93 ff.
[2] a. a. O., S. 95.
[3] a. a. O., S. 95 ff.

nären Aktion abzugeben. Nur von ihr aus kann und muß sich die Revolution notwendigerweise zu einer Revolution der Massen gegen die Autokratie entwickeln. Eine bürgerlich-liberale Revolution mit dem Ziel der Befreiung des persönlichen Denkens, wie sie in den „aufgeklärten" Zeiten Europas sich mehr oder minder gründlich vollzog und wie sie in den modernen „westlichen" demokratischen Bestrebungen weiterwirkt, kann in der gesellschaftlichen Wirklichkeit des traditionellen Rußlands nur schwer zu dauerhaften Erfolgen kommen. Es fehlt für sie in der Struktur Rußlands der tragende Grund. Es gibt keine einflußreiche selbstbewußt freie Geistigkeit, wie der moderne Protestantismus sie im „Westen" mit entwickelt hat. Es fehlt der Sinn und die Erziehung der Gesellschaft unter dem Leitgedanken der individuellen Freiheit und mit dem praktischen Ziel, selbständige Persönlichkeiten als um ihrer selbst willen und für die Gesamtheit wertvolle Glieder der Gesellschaft heranzubilden und gelten zu lassen. Nachdem zu einem sehr späten Zeitpunkt in der ungünstigsten äußeren Situation ein „westlich" orientiertes, mehr liberal-bürgerlich gesonnenes Regime zur Macht gekommen ist, ist es für die längst vorbereitete Massenrevolution leicht, dieses hinwegzufegen. Als Sprecher der Massenrevolution erklärt Lenin, eine bürgerliche Revolution mit dem Ziel einer „Konstitution" sei nur ein vorübergehender Beginn für die wirkliche Revolution der proletarischen Masse. Wie Religion gleichbedeutend ist mit Sanktion der Autokratie und mit geistigem Niederhalten des Volkes, so ist bürgerliche Liberalität nur ein inkonsequentes Zwischending zwischen der Klassenherrschaft der überlegenen Schicht und echter Volksherrschaft. Der Gedanke einer Freiheit der Einzelpersönlichkeit ohne vollkommene Aufhebung der zaristischen Autokratie ist eine ideologische Illusion. Das Bürgertum wird niemals mit der Selbstherrschaft des Zaren ganz brechen. Die liberale Bourgeoisie muß, um sich gegen die aufstrebende Massenbewegung behaupten zu können, sich vielmehr dem autokratischen Regime auch um den Preis der Freiheit anschließen.

Für den Zarismus andererseits existiert, wie sich das aus der gesamten gesellschaftlichen Situation notwendig ergibt, das Bürgertum im Grunde nicht. Seiner Herrschaftsform, seiner materiellen Basis wie seiner geistigen Struktur entspricht das Bauerntum. Dieses ist durch Jahrhunderte sich selbst gleichgeblieben, und da es am Ende des 19. Jahrhunderts noch vier Fünftel der Bevölkerung darstellt, ist es nicht zu verwundern, wenn das Regime im Bauern einen stabilen Träger seiner Herrschaft zu haben glaubt. Das Bauernvolk verharrt in streng gläubiger Devotion, und der Leiter des heiligen Synod der orthodoxen Kirche, hauptsächlicher Berater des Zaren, wirkt dahin, daß der Zar immer wieder nach einer unvermittelten Verbindung des Selbstherrschers mit dem Volke strebt. Keine Parteien, keine Konstitution sollen zwischen den Zaren und das Volk — die Bauern — treten. In der wohl schicksalsschwersten und entscheidendsten Stunde, als im Jahre 1905 die Frage einer Konstitution erörtert wird, gelingt es, das eigentliche Prinzip der theokratischen Selbstherrschaft bei dem Zaren noch einmal durchzusetzen. Zwar spricht der liberale Fürst Trubetzkoj nach der Katastrophe von Tsushima bei der Audienz zum Zaren von dem dunklen Haß, der auf Grund jahrhundertelanger Kränkungen und genährt von dem herrschenden Elend grausam und erbarmungslos emporwachse. Zwar erklärt er eine konstitutionelle Vertretung als einzige Rettungsmöglichkeit[1]), aber er dringt nicht durch. Gegen ihn ist das Prinzip des Zarentums, nach dem der Selbstherrscher nur Gott unterstellt und verantwortlich auf eine mystische Weise das Wesen des Volkes als eines unteilbaren Ganzen unmittelbar darstellt und verwirklicht und in seinem Sinne handelt. Es kommt nur darauf an, die überwiegende Mehrheit des Volkes in Kontakt zu erhalten mit dem Zaren, damit er in sie wie in einen „stillen ruhigen See" bis „auf den Grund" sehen kann, um die „Volksseele" zu erkennen. So der Historiker Kljutschewsky[2]). Der Adel, im Wesen mit der göttlichen Autokratie des Zaren eng verbunden, und mit ihm die Bauern sollen zum Wort kommen. Auf sie ist die Verfassung zuzuschneiden. Trotz intellektuell-liberaler Bedenken wird auch den Analphabeten das Wahlrecht zugestanden; denn sie sind „epischer Redeweise" mächtig und von konservativem Geist durchdrungen. Der Zar stimmt ausdrücklich der Auffassung zu, daß sie mehr gesunden Menschenverstand und Erfahrung besäßen. Den Ausschlag aber gibt der Hinweis eines Historikers auf einen Heiligen, dessen Ruhm die Welt erfüllte und der doch des Lesens und Schreibens nicht kundig war. Das Band zwischen Zar und Bauern ist ein mystisches, kein verstandesmäßiges. Für die gewandelten ökonomischen Verhältnisse, die auch die bäuerliche Welt längst beginnen, in eine kapitalistische zu verwandeln, fehlen die Begriffe. Die Idee vom Bauern ist eine romantische, aber „das Volk, welches schweigt, das sind alle sich Mühenden, das ist Rußland", heißt es[3]). Auf Kosten dieses schweigend, unter absinkenden Lebensbedingungen sich mühenden Volkes werden riesenhafte Mengen Getreides ausgeführt[4]) — das ist die reale Kehrseite der Bauernromantik.

[1]) Stählin, a. a. O., S. 803.
[2]) Stählin, a. a. O., S. 810.
[3]) Stählin, a. a. O., S. 812.
[4]) Stählin, a. a. O., S. 882.

Auch hier bedeutet Realismus oder Materialismus als Gegensatz gegen ideologische Verbrämungen notwendigerweise Revolution. Lenins immer wiederholte Aufklärung und Kritik setzt auch hier mit unnachgiebiger Klarheit und Härte ein.

Lenin faßt seine Aufgabe an zwei Punkten an, bei dem Bauernproletariat und bei dem proletarischen Arbeiter. Er weist zunächst auf die tiefe Kluft zwischen der herrschenden, das Land im großen Maßstab besitzenden Adelsklasse und dem arbeitenden Bauern hin, und er zeigt, daß es jenes romantisch verklärte Bauerntum gar nicht mehr gibt. Die moderne kapitalistische Entwicklung hat die Bauernwirklichkeit erfaßt und in zwei Schichten zerfallen lassen: in eine zahlenmäßig geringere von wohlhabenden Bauern (Kulaken), die von der Arbeit der von ihnen abhängig gewordenen Kleinbauern leben, und diese letzteren in einer breiten Masse des Bauernproletariats. Die Bedeutung dieses für Rußland sehr wesentlichen Prozesses der Proletarisierung erkannt zu haben, ist für Lenins revolutionäre Theorie und Praxis sehr wichtig. Wir werfen einen Blick auf diese wirkliche Entwicklung des Bauernschicksals, um zu einem besseren Verständnis der Position Lenins zu gelangen.

Im Jahre 1897 erweist eine Statistik des Finanzministeriums, daß 71 % der Bauern ihren eigenen Lebensmittelbedarf nicht mehr decken und daß 20 % ihr Arbeitsvieh nicht miterhalten können[1]). Bereits kurz nach der Jahrhundertwende zeigen allgemeine Bauernunruhen denen, die die Wirklichkeit sehen wollen — zu denen aber die herrschenden Mächte nicht gehören! —, daß die geltende Ideologie für die sich auf ihr Existenzrecht besinnenden gequälten Bauern nicht mehr paßt. Im Kaukasus gewinnen diese Unruhen einen unmittelbar politischen Ausdruck[2]). Die Beratungen in Petersburg, deren Ergebnis das Manifest für eine Duma mit 43 % Bauernwahlmännern ist, die dem Streben nach einer Volksvertretung aber keineswegs genügt, sehen die Bauernschaft noch rein romantisch (1905). Es folgt ein Versuch der Bauernbefreiung durch den Minister Witte. Es soll den Bauern ihr Bodenanteil aus dem Gemeindebesitz als persönliches Eigentum unentgeltlich überlassen werden; aber dieser Versuch scheitert. Die Reichsratssitzung lehnt ihn ab. Die konservative Reaktion siegt über den bürgerlichen Reformwillen. Der kluge Witte, obgleich er 1902 erklärt hatte, er sei aus dem Prinzip, das er seit seiner Kindheit angenommen habe, der Feind jedes Konstitutionalismus, Parlamentarismus, jeder Gewährung politischer Rechte an das Volk[3]), prophezeit jetzt, daß die Bauern

---

1) Stählin, a. a. O., S. 882.
2) Stählin, a. a. O., S. 643.
3) Stählin, a. a. O., S. 644.

künftig jedem, der ihnen zu ihrem völlig unzureichenden Landbesitz eine Zugabe verspräche, blindlings folgen würden[1]). In der dann endlich gewählten Reichsduma werden ohne Erfolg Anträge gestellt, die bis zur Forderung nach völliger Aufhebung alles Eigentums am Boden gehen[2]). Nach dem ergebnislosen Streit um die Agrargesetze wird die Duma aufgelöst. Es folgt 1906 die „Bauernbefreiung" Stolypins, im wesentlichen verwirklicht durch die Einführung des persönlichen Eigentums. Der politische Grundgedanke dabei ist, den bisher schon günstiger gestellten Bauern als Stütze gegen das Bauernproletariat mit der herrschenden Gruppe enger zu verbinden, indem man ihm noch bessere Möglichkeiten des Eigentumsbesitzes bietet. Zugleich will man die verarmende Klasse der adligen Grundbesitzer durch einen neuen bürgerlichen Grundbesitzerstand verstärken[3]). 1910 wird das letzte Agrargesetz Stolypins erlassen. Die Wirkungen entsprechen der Absicht, die zumindest nicht im Sinne der großen Masse des Kleinbauern liegt. Noch im Jahre 1917 sind nur 30 % der Bauern zu Gutsbesitzern aufgestiegen[4]), und die schwächeren Elemente werden in großem Umfang weiter proletarisiert. Infolgedessen sind Reaktionäre und Revolutionäre in gleichem Maß Gegner der liberal-bürgerlichen Bauernreform[5]).

Für Lenin muß die Unzulänglichkeit der „Bauernbefreiung" auf der Hand liegen. Er sieht, daß die Maßnahmen Stolypins nicht auf eine Hebung des Bauern schlechthin gerichtet sind, sondern bewußt eine ganze Schicht wohlhabender Großbauern schaffen wollen, deren Bestand wesentlich auf der von ihnen ausgenützten Arbeit der Masse der fast ganz eigentumslosen proletarischen Bauern beruht und deren Existenz somit an die Erhaltung der geltenden Ordnung gebunden ist. Alle Gegner der Sozialdemokratie, so führt Lenin 1905 aus, lassen die Tatsache außer acht, daß im eigentlichen europäischen Rußland eine ganze Schicht von 1,5 bis 2 Millionen unter 10 Millionen wohlhabender Bauern existiert, die die Hälfte alles Eigentums und aller Produktionsmittel, über die die Bauernschaft verfügt, in ihrer Hand vereinigen. Diese wohlhabendere Schicht kann ohne Beschäftigung von Landarbeitern und Tagelöhnern nicht bestehen. Wohl steht sie dem Feudalismus, den Grundherren und der Beamtenschaft feindlich gegenüber und sie ist insofern fähig, demokratisch zu werden, aber für das ländliche Proletariat bleibt sie eine unzuverlässige Bundesgenossenschaft.

1) Stählin, a. a. O., S. 885.
2) Stählin, a. a. O., S. 868.
3) Stählin, a. a. O., S. 884.
4) Stählin, a. a. O., S. 895—897.
5) Stählin, a. a. O., S. 903.

Jeder Versuch, diese Klassenfeindschaft im Agrarprogramm und in der Taktik zu vertuschen und zu umgehen, gilt für Lenin daher als ein bewußtes oder unbewußtes Verlassen des sozialistischen Standpunktes[1]). Wo für das liberal-bürgerliche Denken ein Fortschritt in der „Befreiung" der Bauern durch eine Auflösung alter Formen des Gemeineigentums zugunsten persönlichen Besitzes erscheint, da erblickt die soziologische Denkweise Lenins nur eine Verschiebung der klassenmäßigen Situation, die, ganz im Einklang mit der fortschreitenden kapitalistischen Umgestaltung der Wirtschaft, auch in der Bauernschaft eine kleinere herrschende Gruppe auf Kosten der ausgebeuteten Masse an die Seite der noch herrschenden Adelsschicht treten läßt. Die Erkenntnis dieser Tatsache bedeutet einen weiteren Schritt in der Gewißheit der Notwendigkeit der Revolution, die allein das Prinzip der Ausbeutung als solches in der Gesellschaft aufheben und eine wahrhafte Befreiung herbeiführen kann.

Der entscheidende Ansatzpunkt der Revolutionierung der russischen Gesellschaft muß aber dort liegen, wo sich aus dem Prinzip der modernen kapitalistischen Gesellschaft heraus der äußerste Gegensatz zu der theokratischen, autokratischen und feudalistischen Herrschaft zwangsläufig in ständig wachsendem Maße herausbildet: im Arbeiterproletariat. Dieses stellt die „fortschrittlichste" Schicht der Gesellschaft dar, weil es unter den Bedingungen der fortgeschrittensten Form der Gesellschaft als der notwendigerweise negative Ausdruck der modernen gesellschaftlichen Situation entsteht. Je klarer, konsequenter und wirkungsvoller sich die moderne Gesellschaft als eine kapitalistische entwickelt, desto mehr wächst das Arbeiterproletariat, desto unübersehbarer erscheint es als die aller menschlichen Werte, aller Chancen zu persönlich-sinnvoller Existenz beraubte, nur für den Nutzen der herrschenden Klasse existierende und arbeitende Masse. Diesen Sachverhalt für das gesellschaftliche Bewußtsein klar herauszuarbeiten und ihn von allen ideologischen Verschleierungen, von allen opportunistischen und kompromißhaften Vermittlungsversuchen freizuhalten, ist ein wesentliches, unerbittlich durchgesetztes Anliegen Lenins. In dem Maß, in dem das Proletariat rein und ungeschminkt zum Bewußtsein seiner Situation kommt, in dem Grad, in dem es sich in seiner Wirklichkeit als vollkommen abhängig, ganz außerhalb der geltenden feudal-bürgerlichen Ordnung stehend und im Gegensatz zu dem autokratisch-theokratischen System und seiner Ideologie weiß, wird es zwangsläufig revolutionär. Indem es sich weiterhin

[1]) Werke Gesamtausgabe Wien—Berlin 1929; Bd. VII, S. 227.

zur Grundlage einer neuen Gesellschaft erhebt, negiert es die bisherige Klassengesellschaft des Feudalismus und des herrschenden Kapitals und realisiert die Revolution.

Die wissenschaftliche Erkenntnis dieses Sachverhalts hat zunächst nachzuweisen, daß die damalige russische Gesellschaft in ständig wachsendem Maße eine kapitalistische ist. Einige Angaben machen das Bild des kapitalistischen Charakters des modernen Rußland deutlich. Der russische Kapitalismus wird überwiegend von der Initiative ausländischer Unternehmer und Kapitalien entwickelt. Vor allem die maßgebliche Eisen- und Stahlindustrie nimmt auf diese Weise um die Jahrhundertwende einen gewaltigen Aufschwung. Ein Maßstab für ihre schnelle Entwicklung ist die Ausbreitung des Schienennetzes, das sich in den Jahren 1894 bis 1905 verdoppelt. Das russische Bahnennetz steht schließlich in der Welt an zweiter Stelle. Die in seinem Wachstum zum Ausdruck kommende Steigerung der Wirtschaftskraft ist eine kapitalistische. Das zeigt die Tatsache, daß in den fünf Jahren von 1894 bis 1899 allein 927 neue Aktiengesellschaften mit einem Kapital von 1420 Millionen Rubeln gegründet werden[1]. Der sich rapide entwickelnde Kapitalismus vor allem westeuropäischen Ursprungs verbindet sich in den achtziger Jahren mit einem „offiziösen Nationalismus", der nach der Darstellung eines bekannten deutschen Nationalökonomen „zu Gunsten der Entwicklung einer westeuropäischen Plutokratie tätig" ist, indem er „die Verbreitung der russischen Grundsätze im gesellschaftlichen Leben" predigt[2]. Gegen diesen plutokratisch-westlichen Nationalismus wenden sich die „Volkstümler" (Narodniki)[3]. Diese sind ideologiemäßig antikapitalistisch eingestellt. Sie wollen der kapitalistischen Entwicklung entgehen, deren Folgen Marx bereits in einem Brief so vorausbestimmt: „Wenn Rußland sich bestrebt, eine kapitalistische Nation zu werden nach dem Vorbild der westeuropäischen Nationen — und im Laufe der letzten Jahre hat es sich in diesem Sinne viel Schaden angetan —, so wird es dieses Ziel nicht erreichen, ohne einen guten Teil seiner Bauern in Proletarier zu verwandeln, und danach wird es der Herrschaft derselben unerbittlichen Gesetze unterfallen, wie jede andere

[1]) Stählin, a. a. O., S. 617.

[2]) Schulze-Gävernitz, „Volkswirtschaftliche Studien aus Rußland", Leipzig 1899; S. 209.

[3]) Vgl. die Zusammenfassung ihrer Gedanken in zwei anonym herausgegebenen Werken: W. W. (W. P. Woronzow), „Die Geschichte des Kapitalismus in Rußland", Petersburg 1882; und Nicolai —on (N. F. Danielson), „Abriß unserer Volkswirtschaft seit der Reform", Petersburg 1853, nach Schulze-Gävernitz, a. a. O.

Nation"[1]). Die Volkstümler wollen diese Konsequenz durch eine Rückwendung in die Bauernwirtschaft als die wahrhaft volkstümliche Wirtschaft vermeiden. Lenin vertritt den genau entgegengesetzten Standpunkt: er zeigt, daß die kapitalistische Entwicklung bereits eine Tatsache ist, und er bekämpft die Narodniki scharf und entschieden. Seine Schilderung der „Mission" des Kapitalismus, mit der er seine umfassende Darstellung der Entwicklung des Kapitalismus in Rußland beendet, schließt mit einer ausdrücklichen Wendung gegen die „Volkstümler". Dieses Werk zeigt, wie Lenin im Geist der materialistischen Soziologie die gesellschaftlich-ökonomische Wirklichkeit gedanklich entwickelt und wie er die auf diese Weise begriffene Situation als eine unmittelbar gegenwärtige soziologisch bewußt macht (s. Textauswahl, II).

Wir werden dem soziologischen Denken der „Narodniki"-Theoretiker noch häufiger begegnen; auch werden die gesellschaftlich-ökonomischen Tatbestände, auf die sie sich beziehen, noch zu behandeln sein. In diesem Zusammenhang genügt es, im Gegensatz zu ihrer Position Lenins positives Urteil über die Notwendigkeit des Kapitalismus zu erwähnen. Ist die kapitalistische Entwicklung unvermeidlich, dann bildet sich in der Industrie zwangsläufig eine revolutionäre Situation heraus. Es muß ein Proletariat heranwachsen, dessen bloße Existenz im Widerspruch steht zu der kapitalistischen Produktionsweise, durch die es gesellschaftlich erzeugt wird. So kann Plechanow, der anfänglich führende Theoretiker des Sozialismus im Sinne von Marx 1892 erklären: „In Rußland wächst das Proletariat und wird zum starken Mann buchstäblich nicht nach Tagen, sondern nach Stunden . . . ."[2]). Eine Zwischenform zwischen ländlichem und industriellem Proletariat sind jene Bauern, die im Rahmen der Adelswirtschaft auf dem Lande keine Existenz mehr finden und Arbeiter werden, aber noch den Zusammenhang mit dem Land nicht ganz aufgeben. In dem Jahrzehnt von 1882 bis 1893 gehen 82 % ehemaliger „Adelsbauern" in Fabrikarbeit, 18 % kehren im Sommer in ihr Dorf zurück[3]). In großem Umfang kann der adlige Gutsherr seine Leibeigenen selbst zur Fabrikarbeit verwenden. So entstehen zuerst Fabriken auf adligem Grundbesitz mit Bauern als Sklavenarbeitern. Um diese enger an ihre Arbeit zu ketten, werden sie durch gegenseitigen Austausch zwischen den Fabriken aus ihrem Heimatkreis gelöst. Darin liegt ein Beginn der endgültigen Proletarisierung, zumal den Bauern-Arbeitern grund-

[1]) Nach Schulze-Gävernitz, S. 215; Zitat aus Struve, „Kritische Bemerkungen", Petersburg 1894, S. 179.
[2]) Stählin, a. a. O., S. 627.
[3]) Stählin, a. a. O.

sätzlich nur der Lebensunterhalt gewährt wird. Daneben gibt es noch die gegen Zahlung einer Kopfsteuer (Obrok) für selbständige Arbeit im Vertrag arbeitenden „Obrokbauern".

Im übrigen ist es dem Staat vorbehalten, Bauern zur Fabrikarbeit zu zwingen oder nichtadligen Unternehmern das Privileg zum Besitz von Leibeigenen zur Fabrikarbeit zu verleihen. Je mehr sich geldwirtschaftliche Verhältnisse auch auf dem Lande entwickeln, in desto größerem Umfang sind die Bauern gezwungen, während des Winters Fabrikarbeit zu übernehmen. In diesem Sinn wirken vor allem die Ablösungsgelder im Gefolge der „Befreiung" der Bauern und der Übereignung ihres Landanteils in ihren persönlichen Besitz und außerdem die Steuergelder, für die früher die Landgemeinde im ganzen haftete. Außerdem gibt es s t a a t s e i g e n e B a u e r n , die teils mit, teils ohne Land zur Ausstattung der Fabriken dienen. Bis zum Jahr 1816 dürfen Fabrikanten, die im Staatsauftrag Fabriken unterhalten, Bauern kaufen. Entlaufene Leibeigene enden ebenfalls in den Fabriken. So führen viele Wege zum Arbeiterproletariat.

Das russische Arbeiterproletariat ist also bis weit in die neueste Zeit hinein zugleich l e i b e i g e n. Diese Tatsache gibt dem proletarischen Bewußtsein eine Schärfe und seinem Existenzkampf eine Radikalität, die es unterscheiden von dem westeuropäischen Proletariat, das größtenteils aus Handwerkerkreisen stammt und sich somit einer kleinbürgerlichen Lebensgesinnung aufgeschlossener zeigen muß. Wenn es zum Wesen des Proletariats gehört, über sich selbst schlechthin nicht verfügen zu können, und auf den Verkauf der eigenen Arbeitskraft um jeden Preis angewiesen zu sein, nur um die eigene nackte Existenz zu erhalten, dann ist das russische Proletariat schon in seinem Ursprung in ganz anderem Maße die Verkörperung dieses Begriffs als der westeuropäische Arbeiter, zumindest auf dem Kontinent. Seine revolutionäre Gesinnung muß daher unbedingt und kompromißlos sein, anders als dort, wo eine Nähe zu mehr bürgerlichen Denkweisen besteht. Gegen eine vollkommene Aufhebung alles Menschlichen, das immer eine Geltung als Person verlangt, gibt es nur die äußerste, erbarmungslose Gegenwehr. Gegen den vollkommenen Zwang erscheint gefühlsmäßig eine absolute Bindungslosigkeit als wenn auch utopisches Ideal. So soll bei den „Possessionsbauern" in den Staatsfabriken die Neigung zur Anarchie ein von alters her charakteristischer Zug sein[1]). Der zitierte Berichterstatter erwähnt nach eigenen Beobachtungen vom Ende des vorigen Jahrhunderts auch die andere nicht minder

[1]) Schulze-Gävernitz, a. a. O., S. 37.

zwangsläufige Konsequenz: Die von ihrem Dorf, wie von ihren Familien getrennten Arbeiter müssen in den Arbeiterkasernen ein unpersönliches Kollektivleben führen, das sie der sozialistischen Auffassung aufgeschlossen macht. Das auf diese Weise erzwungene Gemeinschaftsleben erinnert den westeuropäischen Beobachter an die Familistères der französischen Sozialisten[1]. Anarchismus in der Empörung der Individualität gegen das entmenschende Schema einer proletarischen Existenz auf tiefstem Niveau oder resignierte völlige Gleichförmigkeit in einem mechanisierten Gruppendasein, also Kollektivismus sind die zwangsläufigen und einzigen Schicksalsmöglichkeiten des Arbeiters im russischen Kapitalismus.

Frühzeitig beginnt gegen diese Folgen des Kapitalismus der organisierte Kampf um eine bessere Existenz. Die Streiks der Petersburger Spinner und Weber bis gegen das Ende des 19. Jahrhunderts schaffen ein stärkeres Solidaritätsgefühl unter den Arbeitern[2]. Um die Jahrhundertwende umfaßt die Streikbewegung fast das ganze europäische Rußland. Die Regierung verbietet jede Nachgiebigkeit und läßt eine Prüfung erst nach dem Ende des Streiks zu. Die kapitalistische Wirtschaft antwortet auf erhebliche Absatzkrisen durch Gründung von Zwangsorganisationen des Verkaufs, vor allem in Form von Syndikaten in der Eisen- und Kohlenindustrie. Die über drei Millionen Industriearbeiter reagieren durch immer stärkere Unruhen seit der Jahrhundertwende. Die oppositionelle Intelligenz erhebt die Tatsache der sich immer stärker herausbildenden Gegensätze zur Grundlage ihres revolutionären Bewußtseins, das sie den proletarischen Massen vermittelt[3].

Die Aufgabe und Funktion der Intelligenz wird von Lenin in realistischem Sinn im Gegensatz zu allen bloßen „Idealen" entwickelt und dargestellt. Lenins literarisches Werk repräsentiert die konsequente Erfüllung der Forderungen, die er an die Intelligenz richtet und der Richtlinien, die er für das Verhältnis von Intelligenz und Proletariat, von Theorie und praktischer Aktion aufstellt. Während für den Zaren das Wort „der Intelligente" so widerwärtig ist, daß er es von der Akademie der Wissenschaften aus dem Wörterbuch gestrichen sehen will[4], gibt ihm Lenin einen besonders wesentlichen Gehalt. Die materialistisch denkende Intelligenz, die ihre Aufgaben darin sieht, die sich tatsächlich vollziehende, notwendige Entwicklung aufzuzeigen und dem Proletariat den Weg

---

[1]) Schulze-Gävernitz, a. a. O., S. 151.
[2]) Stählin, a. a. O., S. 628.
[3]) Stählin, a. a. O., S. 633.
[4]) Stählin, a. a. O., S. 780.

zu weisen, wird zur Führerin der Weltrevolution. Mit anderen Worten: diese Intelligenz beendet in dem Maß, in dem sie sich in der Leitung des revolutionären Proletariats durchsetzt und ihr Ziel verwirklicht, das sie sich von der Entwicklung der Gesellschaft vorgeschrieben weiß, die zaristische und die sie vorübergehend ablösende bürgerliche Epoche der russischen Gesellschaft und sie leitet damit den revolutionären Prozeß in der kapitalistischen Gesellschaft überhaupt ein (s. Textauswahl, III).

2. Geistig-gesellschaftliche Tendenzen in der russischen „Intelligenz"

Die revolutionäre Sozialdemokratie, deren Führer Lenin ist, stellt in ihrem soziologischen Bewußtsein die äußerste Gegenposition dar gegen die bestimmende autokratische Form der russischen Gesellschaft. Daneben entsprechen der inneren Schichtung dieser Gesellschaft und ihren Problemen eine Reihe anderer geistig-gesellschaftlicher Tendenzen. Das soziologische Denken Lenins äußert sich wesentlich in der Auseinandersetzung mit diesen Anschauungen. Wo die gesellschaftliche Situation jedem menschlichen und persönlichen Ideal hoffnungslos widersteht, wo keine Aussicht auf irgendeine Besserung menschenunwürdiger, ja im wörtlichen Sinne unmenschlicher Zustände besteht, weil die absolute Macht das Bestehende bestätigt und seine Fortdauer erzwingt, da ist die Reaktion der sich ihres Wesens, ihrer Rechte und ihrer Würde bewußtwerdenden Person die Leugnung jedes Sinnes, jeder vernünftigen Ordnung in der Wirklichkeit — die Verkündung des *Nichts* an Sinn gegenüber dem Alles an Gewalt im geschichtlichen Dasein: der Nihilismus. Dieser ist eine theoretische Haltung. Praktisch entspricht ihm die haßvolle Ablehnung jeder gesellschaftlichen Ordnung, die Aufhebung aller sittlichen Pflichten und der Kampf gegen jede geltende, das soziale Dasein gestaltende Autorität oder gar regierende Macht: der Anarchismus. Der Nihilismus ist Ergebnis und Ausdruck der vollkommenen Verzweiflung der denkenden, der Anarchismus ist die hoffnungslose Empörung der wollenden und strebenden Persönlichkeit. Beide sind gleichermaßen *unbedingt* wie *realistisch* in ihrer *negativen* Einstellung gegenüber der geltenden Gesellschaftsform. Nicht minder unbedingt, aber weniger realistisch, dafür wiederum „positiver" in ihrer Gesinnung sind zwei andere geistig-soziale Reaktionen: die *idealistische sittliche Forderung* und die *romantische Umdeutung des traditionellen Bestandes im Sinn des Ideals.*

Von nur bedingtem Anspruch, jedoch realistisch gemeint und auf ein „positives“ Ziel gerichtet sind endlich diejenigen Bestrebungen, die an eine Entwicklung der Massenwelt aus ihr selbst heraus zu einem besseren Zustand hin glauben. In der Auffassungsweise Lenins erscheinen sie als Theoretiker des „spontanen“ Werdens.

Gegen alle diese Tendenzen nimmt als eine schlechthin unbedingt realistische und von einer absolut positiven Zukunftsidee bestimmte Haltung und Geistigkeit der Sozialismus Lenins und die von ihm geführte Intelligenz Stellung. Er allein will das Ziel der vollkommenen Erneuerung der Gesellschaft so durchführen, daß nicht nur einzelne fehlerhafte und schädliche Erscheinungen beseitigt, sondern daß das in seinen Konsequenzen notwendigerweise immer wieder negativ wirkende Prinzip der Herrschaft des Menschen über den Menschen, dessen radikale Form der zaristische Absolutismus darstellt, aufgehoben wird. Der revolutionäre Prozeß, der zu diesem Erfolg führen soll, wird als ein ganz realistischer gesehen dadurch, daß dem „guten Willen“, dem „Idealismus“ nichts überlassen bleiben soll, sondern alles mit äußerster Konsequenz in der Sphäre der geradezu dinglichen Gegebenheiten, in der Regelung der Produktionsverhältnisse, also „materialistisch“ durchgeführt und garantiert wird. Nach Abschluß des unbedingt durchgreifenden realistischen revolutionären Prozesses soll ein schlechthin Neues und Positives erscheinen: die klassenlose Gesellschaft, die allein als wahrhaft sozialistische allen Forderungen des Menschen an eine gerechte Organisation der Gesellschaft genügen kann.

Für die politische Rolle der „Intelligenz“ im allgemeinen in Rußland ist es charakteristisch, daß an ihr die vollkommene Machtlosigkeit der Persönlichkeit gegenüber einer entschlossenen Gewalt, die ihre Position mit allen Mitteln halten will, beispielhaft deutlich wird. Das absolutistische Regime ist nicht fähig, seine Macht in einem ehrlichen stetigen Vergleich mit den sittlichen Ansprüchen aller, auch der Beherrschten, auf volle Menschenrechte auszusöhnen. Es liegt in seinem Wesen, daß es sich nur in einem Jenseits der Gesellschaft begründen kann — wenn und solange es sich einer solchen Begründung bedürftig glaubt. Dagegen weiß die aufgeklärte Intelligenz sich als Vertreterin der ganz diesseitigen Menschenrechte, der Moral, schließlich alles dessen, was den Menschen überhaupt zum Menschen macht. Durch das ihr entgegenstehende Prinzip sieht sie sich radikal gehindert, ihre Forderungen durchzusetzen. So bleibt sie in einen utopischen Raum gebannt und in einer bloßen Verneinung gebunden. Alles, was ihr in der durch das System der absoluten Herrschaft einer verantwortungslosen Minderheit über eine rechtlose, an Zahl unvergleichlich größere Masse kompromittierten Wirklichkeit als „sittlich", „gut" usw. entgegentritt, muß sie ablehnen. Dies alles kann nur Schein sein, es ist vorläufig und erscheint nur in blinder Abgeschlossenheit gegen die Gesamtwirklichkeit als moralisch wertvoll. Im ganzen betrachtet löst es sich in nichts auf. Die bohrende ohnmächtige Grübelei stößt allerorts durch die dünne Haut der „Anständigkeit" des sittlichen Selbstbewußtseins hindurch und deckt den Abgrund auf, der der Untergrund der Wirklichkeit ist und durch dessen Existenz alles Bestehende vollkommen entwertet wird. In einer äußersten Angespanntheit seines sittlichen Bewußtseins ist der Nihilist bereit, für das mindeste wirklich Sittliche und sittliche Wirkliche die gesamte Menschenwelt mit ihrem moralisch wertlosen Bestand zu opfern. So bekennt Bjelinski, er finde sich in einer „Maratstimmung", die ihn bereit mache, um dem kleinsten Teil der Menschheit wahres Glück und wirkliche Freiheit zu gewähren, die ganze übrige Menschheit zum Opfer zu bringen[1]). Diese Stimmung muß zu einem bleibenden und fortwirkenden Element des gesellschaftlichen Bewußtseins werden, solange die Gegenposition, auf die sie sich bezieht, der Absolutismus, sich behauptet. Und er behauptet sich bis zu dem Augenblick der gelungenen Revolution des Jahres 1917. Was sich in den Jahrzehnten, die bis zu ihr hinführen, von jener nihilistischen Stimmung immer wieder durchsetzt und ausdrückt, formt sich zu jenem „dämonischen Prinzip des Sarkasmus und des Unwillens", das schon Herzen[2]) als herrschenden Geist der russischen Literatur erkennt und das auch in dem Tonfall von Lenins Gesellschaftskritik mit ungeminderter Schärfe immer wieder laut wird. Daß alles, was geworden ist, wert ist, zugrundezugehen, daß keine historische Erscheinung es verdient, um ihrer selbst willen geliebt zu werden, und nichts bejaht wird, einfach weil es besteht, ist eine notwendige Folge des bleibenden und fortwirkenden Einschlags von nihilistischer Geistigkeit.

Aus der gleichen inneren Situation heraus wird die Intelligenz anarchistisch. Sie lehnt alle bestehenden Herrschaftsformen und schließlich den Staat selbst als Herrschaft von Menschen über Menschen schlechthin ab. Im Unterschied zum Nihilismus, der weit mehr ein Stimmungsfaktor als eine geistige Lehre oder gar ein praktisches Motiv ist, ist der Anarchismus eine politische

---

1) Karl Nötzel, „Die soziale Bewegung in Rußland", Berlin u. Leipzig, 1923; S. 158.

2) „Rußlands soziale Zustände", Hamburg 1854; S. 99.

Doktrin. Ihr wortreicher Vertreter ist vor allem Bakunin. In seine Lehre gehen auch andere Anschauungen mit ein, die später im entsprechenden Zusammenhang zu erwähnen sind. Für die anarchistische Haltung ist es kennzeichnend, daß sie ihre „Empörung des Lebens", wie gegen alle Herrschaft, so selbst gegen die der Wissenschaft „predigt"[1]). Nur die eine Aufgabe ist der Sozialwissenschaft gestellt: die „allgemeinen Bedingungen der wirklichen Befreiung der lebenden Individuen der Gesellschaft" zu zeigen[2]). Der Anarchismus geht somit nicht von einer Gesamterkenntnis der gesellschaftlichen Wirklichkeit aus und es schwebt ihm auch kein alle wesentlichen Seiten der Gesellschaft umfassendes Zielbild vor. Er bezieht sich lediglich auf die Tatsache, daß in der von ihm erlebten gesellschaftlichen Existenz die Individualität vollkommen unterdrückt ist, und er fordert dementgegen eine vollkommene Befreiung dieser Individualität — verkennend, daß in der allseitigen Wechselbedingtheit alles gesellschaftlichen Daseins jede seiner Wesensgrundlagen nur in dem begrenzten Maß wirksam werden kann, in dem die Eingespanntheit in das vielseitige Gesamtgefüge es ihr erlaubt. Eine vollkommen „freie" Gesellschaft von Individualitäten atomisiert sich in einem — logisch, nicht historisch — vorgesellschaftlichen Zustand, wie eine gewaltsam unterdrückte nicht minder entartet.

Es ist also eine romantische Auffassung des „Lebens", mit der der Anarchismus nicht nur gegen eine eintretende Erstarrung des Daseins in der Gesellschaft, sondern schließlich gegen die viele Eigenrechte des Individuums begrenzenden Notwendigkeiten des Zusammenlebens überhaupt angeht. Ein „Anhänger der Freiheit um jeden Preis", als der „grundlegenden Bedingung der Menschheit" will Bakunin alle Organisationen nur insoweit gelten lassen, als sie „spontan" sind[3]). Damit gerät sein soziales Denken von der Erkenntnis der Wirklichkeit fort und unter die Herrschaft der Utopie. Denn nur in der Utopie bestimmt e i n Wesenszug, sei es die Totalität oder die Individualität, die vollkommene „Ordnung" oder die absolute „Freiheit", allein und für sich die Gestalt des Ganzen. Indem Bakunin radikal nur auf sein vorgefaßtes Ziel hinstrebt, wird sein Sozialdenken vage und gestaltlos. Es kann keine Gesellschaft von nur „spontan" handelnden Einzelnen geben. Denn wo immer die gesellschaftliche Ordnung überhaupt Bestand gewinnt, rührt dieser aus einer formenden Gewalt her, sei sie geistig oder wie sonst, und jede Organisation, selbst eine „spontan" entstandene,

1) Bakunin, Ges. Schriften, Berlin 1923, Bd. II, S. 131.
2) a. a. O., S. 133.
3) a. a. O., S. 269.

muß Garantien ihrer Festigkeit und ihres Überdauerns in sich entwickeln, die sie von der Unberechenbarkeit immer neuer, grundsätzlich „spontaner“ Impulse unabhängig machen. Sonst bliebe das gesellschaftliche Dasein nur ein permanentes Brodeln gestaltloser „freier“ Antriebe. Theoretisch also hebt sich der Anarchismus schnell selbst auf, und als Form des gesellschaftlichen Bewußtseins ist er geradezu das Gegenmotiv jeder sinnvollen Gestaltungsweise. Praktisch wirkt er im revolutionären Bewußtsein weiter als ein tief eingewurzelter Instinkt gegen alle überkommenen Herrschaftsformen. Im Akt des revolutionären Umsturzes ist er ein notwendiges Ingredienz: ohne seine explosive Mitwirkung kommt kein revolutionärer Akt zustande. Nur wo die Feindschaft gegen überkommene und herrschende Formen einen prinzipiellen und unversöhnlichen Charakter angenommen hat, ist die revolutionäre Gesinnung entschieden genug, um sich durch keinen relativen Wert und keine bedingte praktische Nützlichkeit bestehender Einrichtungen an ihrer Beseitigung hindern zu lassen. Ohne ein zumindest einmaliges, entschlossenes und konsequentes „anarchistisches“ Handeln kommt keine Revolution zustande, sondern allenfalls eine Reform. In demselben Augenblick freilich, in dem neben der Aufgabe der Destruktion des Vorhandenen die Notwendigkeit einer neuen Ordnung auftaucht, erscheint der gleiche Anarchismus als grundsätzlicher Gegner. Er vermag die negative Seite der Revolution zu motivieren, aber dem positiven Zustand, der das Ziel der Revolution sein muß, wie den Mitteln, die zu einer besseren Form hinführen sollen, steht er verständnislos gegenüber. Als politisches Prinzip ist er widersinnig. Denn aus der „Predigt“ der Spontaneität ist niemals die Verwirklichung einer verbindlichen Gestalt der Gesellschaft zu gewinnen. Für das revolutionäre Denken, vollends nach der vollzogenen Revolution, bleibt der Anarchismus ein negatives, gefährliches Element. Lenin muß ihn daher ablehnen und bekämpfen (s. Textauswahl IV).

Wir können zusammenfassend sagen, daß der Nihilismus wie der Anarchismus als geistige Tendenzen von konsequentem Streben und Anspruch, die sich zugleich unerbittlich streng auf die erfahrene gesellschaftliche Wirklichkeit richten, einen Zug des negativen Absolutismus, eine Unbedingtheit des Verneinens in das revolutionäre Bewußtsein hineintragen. Der Nihilismus löst alle Wertansprüche der überkommenen gesellschaftlichen Wirklichkeit für das Denken und Empfinden auf, ohne unmittelbar praktische Konsequenzen zu erstreben. Der Anarchismus treibt zu vollkommener praktischer Vernichtung der bestehenden Herrschaftsform, aber er erschöpft sich in dieser zerstörenden Aktion.

Beide Formen des negativen Absolutismus entspringen einer Intelligenz von Menschen, denen jede Hoffnung verschlossen ist, gegen eine herrschende absolute Gewalt, wie das zaristische System es war, ein menschenwürdiges Dasein erkämpfen zu können. Solche Hoffnungslosigkeit ist tödlich, solange der Blick starr und illusionslos auf die Erfahrungen der Wirklichkeit gebannt bleibt.

Eben dieser Realismus und die auf ihm begründete Unerbittlichkeit aber machen den negativen Absolutismus zu einem notwendigen Moment des echten revolutionären Bewußtseins. Die abgeschwächte idealistische Haltung dagegen mag zwar auch einen unbedingten Anspruch erheben, jedoch bezahlt sie ihre mehr positive Einstellung zur Welt mit einer teilweisen Abwendung von der Realität. Sie muß daher von dem revolutionären Bewußtsein abgelehnt werden. Jedes Ausweichen von der unnachsichtigen unbedingt sachlichen Erkenntnis der vollkommenen Verwerflichkeit des bestehenden gesellschaftlichen Zustandes erscheint diesem als Schwäche und Verrat. Für den idealistischen Glauben an ein Besseres, das nicht erst die vollkommene Umdeutung der gesamten Wirklichkeit voraussetzen würde, hat das revolutionäre Bewußtsein nur Verachtung und Hohn.

Die sittlich-idealistische Position wird in Rußland bis zur Jahrhundertwende von Ssolowjeff als dem meist gelesenen Philosophen vertreten[1]). Ssolowjeff betont, daß das geistige Wesen des Menschen niemals aus seinem natürlichen Werden heraus verstanden werden könne. Die asketische Sittlichkeit weise darauf hin, daß im Menschen ein übermaterielles Wesen wirksam sei. Das Gefühl des Mitleids drücke eine reale Solidarität aller Geschöpfe aus, es umschließe eine Forderung an die Sittlichkeit und bedeute zugleich den Beginn ihrer Erfüllung. Dieser Standpunkt der geistigen Solidarität will sich in gleicher Weise über den Individualismus, wie über den Kollektivismus erheben. Ssolowjeff kritisiert es, daß der Individualist in den gesellschaftlichen Zusammenhängen und in den Einrichtungen der Gemeinschaft nur eine äußere Grenze und eine willkürliche Beschränkung des Einzeldaseins sehen wolle. Er wendet sich nicht minder gegen den Kollektivismus, dem er vorwirft, er anerkenne im gesellschaftlichen Leben nur die Massen und vernachlässige die Persönlichkeit als ein nichtiges und vorübergehendes Element. Was sei das für eine Gesellschaft, die aus rechtlosen und unpersönlichen Kreaturen, aus sittlichen Nullen bestehe? Sie sei nicht mehr als eine Chimäre![2]) Was dem realistischen, revolutio-

[1]) Stählin, a. a. O., S. 670.

[2]) Ssolowjeff, Auswahl Nötzel, 1929, S. 38—40.

nären Kritiker der Gesellschaft zur gleichen Zeit in der Leibeigenschaft und im heranwachsenden Proletariat als bitterste Wahrheit und quälende Wirklichkeit erscheint, beweist der idealistische Metaphsyiker Ssolowjeff als — Chimäre. Denn es widerspricht dem geistig-metaphysischen Wesen des Menschen. Unvermerkt unterstellt der Idealismus den wesenhaften Sinn der eigentümlichen Innerlichkeit des Menschen und seiner geistigen Persönlichkeit als seine Wirklichkeit. Er verkennt damit die Tatsache, daß die Wirklichkeit ihren eigenen brutal-materiellen Bestand hat. Für Ssolowjeff hat nur die Kirche als die in der geistigen Wesenheit des Gottmenschen begründete Ganzheit Bestand. Sie gibt jedem Einzelnen einen absoluten Lebensinhalt und gleicht dadurch die zerstreuten individuellen Existenzen einander an. Ihr gegenüber erscheinen dem Idealisten die „westlichen" Ordnungen als wesenlos, ja als störend. Wenn es überhaupt einen Fortschritt geben könne, schließt Ssolowjeff, dann bestehe dieser nur darin, daß der Staat die innere sittliche Welt des Menschen so wenig als möglich hemmt und sie der freien geistigen Einwirkung der Kirche überläßt. Darüber hinaus habe der Staat die äußeren Bedingungen für ein würdiges Dasein und für die Selbstvervollkommnung des Menschen zu gewährleisten[1]). Der Staat wird also zum bloßen Mittel, um der höchsten Instanz, der Kirche, und dem von ihr seine wesenhafte Existenz herleitenden Menschen ein würdiges Dasein zu sichern. Da die Kirche im Zarismus auch von dem Staatsoberhaupt geleitet wird, besteht kaum eine Schwierigkeit, das Staatsleben im Sinne dieser Forderung zu gestalten. Praktisch gesehen bedeutet diese ganze Philosophie also eine Verherrlichung der zaristischen Theokratie, deren grundsätzlich nicht von Forderungen der „materiellen" Alltagsexistenz berührter Ursprung und deren innerste Gleichgültigkeit gegen die Lebensansprüche und das Eigenrecht des außerkirchlichen menschlichen Daseins, also der gegebenen materiell bedingten Wirklichkeit, damit nur erneut begründet werden. Das sich aus sich selbst in eigener Gesetzlichkeit entwickelnde Wirtschaftsleben aber, das sich von der inneren Beziehung auf jene geistige Ganzheit löst, ist für Ssolowjeff vollends der Ausdruck der Zersetzung der Gesellschaft. Forderung der Vernunft und des Gewissens bleibt es, die Wirtschaft dem sittlichen Grundsatz zu unterwerfen, damit sie als Verwirklichung des Guten ihre Organisation erhalte[2]). Ssolowjeff geht noch einen Schritt weiter: es ist für ihn nicht nur eine sittliche Forderung um der geistigen Wesenheit des Menschen und

[1]) a. a. O., S. 49—53.

[2]) a. a. O., S. 73.

der Gesellschaft willen, daß im Bereich der wirtschaftlichen Beziehungen der sittliche Grundsatz verwirklicht wird. Vielmehr hat die „Materie" ein Anrecht auf ihre Vergeistigung[1]). Damit ist sein aus dem absoluten Geistigen heraus sich herleitendes Denken bis zu seiner äußersten Grenze gelangt und der Wirklichkeit so nahegekommen, wie es ihm irgend möglich ist. Einen Versuch, diese Wirklichkeit als solche zu verstehen, und die Mißstände des gesellschaftlichen, insbesondere des wirtschaftlichen Daseins aus ihnen selbst heraus zu beheben, lehnt er ab. Er wendet sich ausdrücklich gegen den Sozialismus.

Denn wenn dieser die sittliche Vervollkommnung der Gesellschaft von einer wirtschaftlichen Umwälzung abhängig mache, dann stelle er sich auf den gleichen Boden wie das von ihm bekämpfte bürgerliche Reich und er anerkenne die Vorherrschaft der materiellen Interessen[2]). Weit entfernt, die Realität dieses bürgerlichen Reiches und des Vorherrschens der materiellen Interessen als Tatsache anzusehen, sieht er in dem Gedanken einer Umwälzung der wirtschaftlichen Verhältnisse, der diese allerdings zuerst als reale erkennen und anerkennen muß, ein Verlassen seiner jenseitig begründeten metaphysisch-idealistischen Position. Statt die wirkliche Lage des Volkes, insbesondere seine tatsächliche materiell bedingte Proletarisierung zu sehen, betont er seine „ideale Voraussetzung" im Gegensatz zu dem „materiellen Interesse seiner Existenz", und er bestreitet das Recht, das Volk „vom Sinn seines Lebens" zu trennen und den Dienst seiner „materiellen Interessen" höher zu stellen als die „sittlichen Forderungen". Mit dieser Wendung zum Volk zieht der Idealismus dem revolutionären Willen den Boden fort, auf dem er allein stehen kann. Denn eine Umwälzung der wirtschaftlichen und gesellschaftlichen Wirklichkeit ist nur möglich von einem fest in dieser Realität gegründeten Standort aus, nicht aber in der Orientierung an einer geistig-jenseitigen Idee des „Volkes", das sich erfaßt in Beziehung auf das, „was es tut und was es tun will, woran es glaubt und wem es dient"[3]).

Für den Idealismus von Ssolowjeff erscheint das „Volk" im Sinn einer sittlich-geistigen F o r d e r u n g , und in seinem Denken liegt daher noch ein gewisser Impuls zur Überwindung der gegebenen wirtschaftlichen Situation vom Geistigen her. Dieser Antrieb wird vollkommen aufgehoben, wo das Volksleben rein als T a t s a c h e , wenn auch in einer unrealistischen, romantisierenden Verkleidung gesehen und als sich selbst genügend, als an und für sich sinnvoll

[1]) Ssolowjeff, a. a. O., S. 75.
[2]) a. a. O., S. 77.
[3]) a. a. O., S. 86.

behauptet wird. Die idealistische Forderung unterscheidet das Wesenhafte und Geistige klar vom gegebenen Dasein. Sie löst den Menschen aus seiner Zufriedenheit mit der gegebenen Wirklichkeit heraus, indem sie sich immerhin dieser Realität kritisch entgegenstellt und danach trachtet, sie dem Geistigen zu unterwerfen. Diese Haltung arbeitet darum dem revolutionären Bewußtsein vor, weil sie ihre Forderung nicht nur mit dem dogmatischen Postulat eines höheren Seins in ein ideelles Jenseits verlegt. Ssolowjeff zieht aus seiner antimaterialistischen Haltung eine scharfe Konsequenz gegen den nationalistischen ökonomischen Egoismus, womit er sich den beginnenden imperialistischen Tendenzen der kapitalistischen Wirtschaftsgesinnung widersetzt. Er betont entschieden, es dürfe kein aufrichtiger Patriot die Solidarität mit anderen Völkern zerreißen um des materiellen Nutzens seines Volkes willen[1]), denn der Einzelne habe Sinn und Geist nur im Verein und im Einverständnis mit dem Alleinen[2]). Natürlich kann eine solche These kein sonderliches Gewicht gewinnen angesichts der Tatsache, daß die wachsenden kapitalistischen Interessen sich nationaler Motive zu bedienen verstehen, um schließlich Rußland in einen Eroberungskrieg zu stürzen, der ihm schwer schadet (1902); aber der Gegensatz gegen die tatsächliche Entwicklung zeigt immerhin eine wenn auch ohnmächtige, so doch kritische und klare Position an.

Anders die romantischen „Volkstümler" (Narodniki). Sie idealisieren die geschichtliche Wirklichkeit des alten Bauernvolkes und nehmen so dem Willen zur Umgestaltung der bestehenden Zustände einen großen Teil seiner Energie. Der bereits angeführte Nationalökonom, der aus eigener Erfahrung über die geistige gesellschaftliche und ökonomische Situation im Ende des vergangenen Jahrhunderts berichtet, verzeichnet als Ideal des „Volkstümlers" eine „volkstümliche Wirtschaftsweise", bei der der Bauer auf dem Stand seiner „mittleren Bedürfnisse" im traditionellen Sinn weiter wirtschaftet. Auch hier tritt die moralische Reflexion an die Stelle des „materialistischen" Realismus. Nur drückt sie sich nicht in einer sittlichen Forderung gegenüber einer ihrem ewigen Wesen untreu gewordenen Wirklichkeit aus, sondern sie sieht im Gegenteil das Sittliche im Überkommenen bereits erfüllt und wendet sich streng gegen den Gedanken, es könne durch eine Wendung zu einem Neuen hin die bestehende Situation vielleicht wieder gebessert werden. Das Verwerfliche der gegebenen Zustände beruht auf einem Abfall von der historisch gegebenen, einstmals voll-

---

[1]) a. a. O., S. 86.

[2]) a. a. O., S. 87.

kommenen Form. W. W. erklärt: „Der Mensch, der den Landbau fallen ließ, ist ein gefallener Mensch; er tritt heraus aus der sittlichen und materiellen Wirkung der Gemeinschaft und betritt einen neuen Weg, auf welchem ihm nicht mehr Solidarität und Gerechtigkeit nötig sind, auf dem er schneller vorwärts kommt durch Schlauheit und Ränke[1]).“ Also nicht grausamer Zwang der wirtschaftlichen Wendung zur kapitalistischen Wirtschaftsweise hin und nicht unerträglicher sozialer und wirtschaftlicher Druck zwingen den Bauern vom Land in die Fabrik, sondern Schlauheit und Berechnung! Damit ist eine entschiedene Gegenposition gegen den revolutionären Realismus erreicht. Diese gesellschaftliche Mentalität strebt nicht allein grundsätzlich der vorhandenen wirtschaftlichen Entwicklung entgegen, sondern sie wird auch unwahrhaftig, indem sie zu moralischer Verfehlung stempeln will, was nur ein schwer erduldeter Zwang der materiellen Situation ist. Der Anschein einer positiven Einstellung an dieser Haltung ist ebenso wirklichkeitsfremd, wie ihr „Idealismus“ eine Selbsttäuschung ist, — sie sei bewußt oder gutgläubig.

Fragt man, wer diese Auffassung vor allem zu vertreten geeignet und bereit sein müßte, so kann es nicht der Bauer selbst sein; denn er kennt die materielle Realität und ihre Nöte zu gut, um, wenn er überhaupt nachdenkt, in seiner traditionellen Situation einen irgend preiswürdigen Zustand zu erblicken. Auch die herrschenden Schichten, dem theokratischen Zarismus engst verbunden, können den Bauern wohl als mythische Basis des Zarentums verklärt sehen, aber schließlich ist ihnen, die von den Früchten seiner Arbeit leben, die materielle Seite nicht unbekannt. Für die aufkommende kapitalistische Welt vollends kann eine solche Romantik nur als töricht erscheinen — Unternehmertum wie Proletariat leben und denken ganz in den „materiellen“ Gegebenheiten ihrer Welt. Gutgläubig vermag die individualistische führende Schicht sich unmöglich zu dem Ideal der traditionellen Bauernwirtschaft als der sittlichen Grundlage der Volkswirtschaft zu bekennen. Nachdem seit den Reformen Alexanders II. die Entwicklung Rußlands in die Bahnen europäisch-kapitalistischer Wirtschaftsweisen hinein ein für allemal entschieden ist, kann die Haltung der „Volkstümler“ nur Vogel-Strauß-Politik sein, wie unser bereits zitierter Berichterstatter betont. Darüber hinaus aber bedient sich nach seiner Auffassung die Industrie der romantischen Verherrlichung der Vergangenheit geradezu, „um die landwirtschaftlichen Klassen niederzuhalten“[2]).

---

[1]) Schulze-Gävernitz, a. a. O., S. 211.

[2]) Schulze-Gävernitz, a. a. O., S. 207/208.

Es bleibt also nur das Kleinbürgertum, das im Windschatten der industriellen Entwicklung und zugleich frei von der bäuerlichen Gebundenheit und ihrem materiellen Druck lebt. Ihm liegt es am ehesten nahe, eine romantische Idee vom bäuerlichen Volksleben zu entwickeln und davon zu träumen, daß eine Rückkehr zur genügsamen kleinbäuerlichen Wirtschaft der wirtschaftlichen und sozialen Welt ihren sittlichen Charakter wiedergeben und ihn auch auf die übrige Gesellschaft ausstrahlen könnte. Statt die durch das kapitalistische Wirtschaftssystem erzwungene und sich immer mehr erweiternde Kluft zwischen dem Unternehmertum und dem Proletariat zu erkennen, wollen die „Volksfreunde" als „echte Ideologen des Kleinbürgertums", wie Lenin sagt, „nicht die Aufhebung der Ausbeutung, sondern ihre Milderung, wollen sie nicht Kampf, sondern Versöhnung"[1]). Man müsse heute schon blind sein, hält Lenin ihnen entgegen, „um die revolutionäre Seite dieses neuen Lebenssystems nicht zu sehen, um nicht zu sehen, wie der Kapitalismus eine neue soziale Macht erzeugt, die mit dem alten Regime der Ausbeutung durch nichts verknüpft ist und die Möglichkeit des Kampfes gegen dasselbe hat"[2]). Das revolutionäre Bewußtsein des gegen bloße „Ideale" immunen, „materialistischen" Denkens hat mit den romantisierenden „Volksfreunden" nichts gemein. Es bekämpft sie mit allen Mitteln einer schonungslosen, nüchternen Sachlichkeit.

Die rückwärtsgewandte Romantik der „Volksfreunde" ist die vorletzte Ausflucht des Geistes vor dem angesichts der gesellschaftlich-ökonomischen Wirklichkeit sich entwickelnden revolutionären Bewußtsein. Sie formuliert eine mehr oder minder aufrichtige Gesellschaftsidee, die in einer Rückkehr zur primitiveren Wirtschaftsweise der überkommenen wirtschaftlichen Welt das Ideal der sozialen und wirtschaftlichen Ordnung sieht. In jener Welt fehlt jeder Ansatz zu einer Gefährdung des sozialen Daseins. „Jeder Mensch besitzt und bebaut das zu seinem Dasein notwendige Land. In diesem glücklichen Zustand gibt es keine Trennung von Produktionsmitteln und Produzenten, weder Unternehmergewinn noch Lasten, weder arm noch reich", so erklärt der schon genannte W. W.[3]). Freilich wird weniger eindringlich gefragt, wieso die Situation sich für den Bauern so gestalten mußte, daß die „Peitsche des Hungers" den Bauern in die Fabriken treibt[4]). Jedenfalls sichert der Landbau dem Bauern offenbar doch nicht, wie von den

1) Ausgew. W., 1932—1939, Bd. I, S. 260.
2) a. a. O., S. 261.
3) Schulze-Gävernitz, a. a. O., S. 211.
4) Schulze-Gävernitz, a. a. O.

Volkstümlern behauptet wird, die notwendigen Gegenstände seines Verbrauchs[1]).

Will man demnach von einer Wendung nach zurück eine Erneuerung der sittlichen Lebensgrundlagen des Volkes und damit eine Überwindung der Klassenkluft in der Wirtschaft nicht erhoffen, dann bleibt eine letzte Auskunft: man muß von der „spontanen" Aktivität im Volksleben die Heilung der gesellschaftlichen Schäden erwarten. Es ist die anarchistische Empörung gegen die bestehende Ordnung, die danach sich das Ziel setzt, „den Massen den Anstoß zu geben, Tabula rasa zu machen, damit die Ackerbauern und Industriearbeiter sich reorganisieren und föderieren können nach den Grundsätzen der Gerechtigkeit, Gleichheit, Freiheit und Solidarität, von unten nach oben, spontan frei, außerhalb jeder offiziellen Bevormundung, sei es einer reaktionären, sei es einer sogenannten revolutionären"[2]). Der „Volkstümler" sieht sein Idol verwirklicht im bescheiden lebenden, arbeitsamen und in traditionellen Formen verharrenden Bauernvolk, jenseits der modernen Entwicklung der Gesellschaft. Der Anarchist will die Volksmassen zur Empörung aufrufen gegen alle Einrichtungen der modernen Gesellschaft, zur „Zerstörung aller Staaten und aller bestehenden religiösen, politischen, gerichtlichen, ökonomischen und sozialen Einrichtungen zur absoluten Befreiung der geknechteten und ausgebeuteten Arbeiter der ganzen Erde"[3]). Immer kommt es darauf an, daß dieser Durchbruch durch die Wirklichkeit „spontan' erfolgt, und auch das erstrebte Ziel muß „diese Spontaneität bewahren und erhalten. Bakunin erklärt: „Als Anhänger der Freiheit um jeden Preis, dieser grundlegenden Bedingung der Menschheit, denke ich, daß die Gleichheit sich begründen muß durch die spontane Organisation der Arbeit und des gemeinsamen Eigentums der produzierenden Association, die in den Gemeinden frei organisiert und föderiert sind und durch die ganz ebenso spontane Föderation der Gemeinden, nicht aber durch die oberste und bevormundende Tätigkeit des Staates"[4]). Jede ordnende und gestaltende Funktion eines aktiven Geistes erscheint als Gefahr für die Spontaneität. Die Revolution, die allerdings, im Gegensatz zu der konservativen Wendung der „Volkstümler", für das Volk gefordert wird, erscheint daher als „in geradem Gegensatz zur politischen Revolution". Die „spontane Tätigkeit der Massen" muß in ihr „alles" sein. Die Einzelnen haben aus „dem Volksinstinkt entsprechende Ideen" auszu-

---

1) Schulze-Gävernitz, a. a. O., S. 210.
2) Bakunin, Ges. W., Bd. II, Berlin 1923; S. 6.
3) a. a. O.
4) a. a. O., S. 269.

arbeiten, klarzulegen und zu verbreiten. Sie haben die „natürliche Macht der Massen revolutionär zu organisieren". Alles übrige soll und kann nur durch das „Volk" selbst gemacht werden[1]).

Für den ersten Augenschein nimmt diese Haltung es mit Recht für sich in Anspruch, revolutionär zu sein. Bestehende gesellschaftliche Ordnungen sollen durch die spontane Tätigkeit des Volkes, durch die natürliche Macht der Massen gesprengt und beseitigt werden. Ist das nicht Revolution? Genau betrachtet: nein. Zur Revolution gehört ein Ziel, wenn sie mehr sein soll als ein aufbrodelnder Massenakt, wenn sie eine gestalthaft sinnvolle Form erstreben soll, wenn als ihr Ergebnis eine neue, bessere Stufe des gesellschaftlichen Daseins erscheinen soll! Die „Revolution" nach der Theorie der „spontanen" Aktion wird ausdrücklich als gestaltlos und ziellos aufgefaßt, sie soll aufbrechen und auflösen — aber sie ist weder Ursprung einer neuen Struktur und Ordnung, noch hat sie die Aufgabe, die bessere Ordnung, die vielleicht schon in der gesellschaftlichen Entwicklung vorgebildet sein könnte, ins Dasein zu reißen. Sie bewegt sich auch nicht mit Bewußtsein und Denken innerhalb eines wenn auch noch so weiten Rahmens klar begriffener struktureller Möglichkeiten, von denen sie eine neue zur Wirklichkeit machen will. Sie ist ein Impuls im Leeren, Bestehendes zerstörend, weil alles Geformte, alle Autorität ihr als Zwang erscheint, und sie strebt blind zu einem Zustand hin, von dem positiv nur dies feststeht: daß er Ergebnis des spontanen Impulses sein muß. Diese „spontane" Aktion ist also nicht Werk einer Handlung, sondern Effekt eines vitalen Impulses schlechthin. In ihr wirkt nicht ein vernunfterleuchteter persönlicher Wille, sondern — Naturtrieb. Bakunin ist „Naturalist", und die Freiheit des Menschen besteht für ihn einzig darin, „daß er den Naturzwecken gehorcht, weil er sie selbst als solche erkannt hat"[2]). Der Naturalismus Bakunins hängt gesellschaftlich nicht minder im leeren Raum als seine „spontane" Aktion. Er ist in Wahrheit auch wieder nichts als eine Formulierung des freien, romantischen Lebensimpulses gegen jede Form gesellschaftlicher Ordnung, Autorität und praktischer Gestaltung. Wie die „Volkstümler" aus den Widersprüchen und der sich heranbildenden unerträglichen Situation des Klassengegensatzes heraus in das romantische Bild eines glückseligen Zustandes vor aller modernen kapitalistischen Entwicklung ausweichen, so macht auch Bakunin mit seiner romantischen Theorie der „spontanen" Aktion als angeblicher „Revolutionär" nur

1) Bakunin, a. a. O., S. 274.

2) a. a. O., S. 109.

einen letzten Versuch, das Denken vor der Erkenntnis der in der Gesellschaft und in der geschichtlichen Situation unvermeidbar gewordenen wirklichen Revolution zu verschließen, indem er eine nach Sinn und Richtung unbestimmte „Freiheit“ an die Stelle des planmäßigen und zielbewußten Handelns setzt.

Mit diesem Standpunkt ist innerhalb des Gefüges der geistig-gesellschaftlichen Haltungen und Theorien in der russischen Gesellschaft um die Jahrhundertwende ein weitgehender, aber lediglich kontrastmäßiger, sachlich unfreier Gegensatz zu dem Zarismus erreicht. Weil dieser letztere sich und seinen gesellschaftlichen Stand grundsätzlich dogmatisch von einer über der Gesellschaft stehenden theologischen Autorität ableitet, fundiert Bakunin die Gesellschaft in einer untermenschlichen rein naturhaften Lebensmacht, um aller Herrschaft des „Autoritätsprinzips“ zu entgehen, das er lediglich als „Zugabe zur tierischen Natur“ betrachtet[1]. Die gesellschaftliche Wirklichkeit verfehlt er dabei nicht minder als die konservativen Verfechter der absoluten Autorität und Autokratie. Er ist nur um einiges platter und gibt den Menschen und sein gesellschafliches Handeln und Schicksal einer blinden Naturgewalt preis, von der irgendeine neue oder gar bessere Gestalt schlechterdings nicht zu erwarten ist. Er erweicht das Denken, lähmt den entschlossenen Eigenwillen und legt, was die positive Richtung in die Zukunft angeht, eine fatalistische Ergebung in das „spontane“ Werden nahe. Vor diesem wird sein revolutionäres Bewußtsein zu einem bloßen Schein. Denn in Wahrheit bleibt auch der einsichtsvollsten und energischsten Persönlichkeit nichts übrig, als dem „spontanen“ Impuls der „Massen“ zu folgen.

Lenin nimmt gegen diese Haltung wiederholt Stellung. Er vertritt den Standpunkt einer Intelligenz, die sich die Möglichkeiten der Mitwirkung am gesellschaftlichen Werden nicht derart durch ihre eigene Theorie verschließen will. Seine „materialistische“ Auffassungsweise will im Gegensatz zu Bakunin kein Absinken in rein naturhafte, also vormenschliche Daseinsformen. Sie sieht im gesellschaftlichen Dasein notwendige, aber eben gesellschaftliche Prozesse und sucht von ihnen aus die gesellschaftliche Wirklichkeit als solche zu erkennen, um sie zur Basis einer bewußten und planmäßigen Aktion zu machen. Er will dabei keinen Gegensatz gegen die echte „Spontaneität“ im Befreiungswillen der Arbeiterschaft beispielsweise konstituieren, aber er sieht allerdings diese Spontaneität als für sich ungenügend an angesichts der gesellschaftlichen Probleme. Diese Spontaneität ist für ihn nur die

---

1) Bakunin, a. a. O., S. 22.

„Keimform der Bewußtheit". Das volle Bewußtsein seiner gesellschaftlichen Situation ist für den Arbeiter nicht ursprünglich schon gegeben. Es entwickelt sich bis zu einem gewissen Grade stufenweise aus jener „spontanen" ersten Gegenwehr gegen seine ökonomische Situation. Es gibt eine Stufenfolge von dem spontanen Aufbegehren, über die Empfindung von der Notwendigkeit einer kollektiven Abwehr bis zu bestimmten Forderungen. Ein eigentliches revolutionäres Bewußtsein aber, ein Erwachen des bestehenden Antagonismus von Arbeiter und Unternehmer, die Erkenntnis der Gegensätzlichkeit der Interessen kann sich aus diesen Grundlagen auf „spontane" Weise nicht entwickeln. Dazu gehört das überlegte und überlegene Eingreifen der revolutionär-sozialistischen Intelligenz[1]). „Das moderne sozialistische Bewußtsein kann nur entstehen auf Grund tiefer wissenschaftlicher Einsicht"[2]). Jede andere Auffassung, wie etwa die Bakunins oder des Theoretikers W. W. bedeutet eine Stärkung des Einflusses der bürgerlichen Ideologie[3]), ist also zumindest nicht revolutionär. Nur wenn auf der Grundlage der wissenschaftlich-sozialistischen Einsicht grundsätzlich gebrochen wird mit allem Glauben daran, daß es ein Werden zum Besseren ohne radikale Abwendung von der Tradition geben könne, vermag der immer wieder in die alten gesellschaftlichen Formen zurückziehende Einfluß der bisher herrschenden geistigen Mächte besiegt zu werden. Lenin nimmt seine Position grundsätzlich außerhalb aller Bindungen des Bewußtseins an geistige und soziale Voraussetzungen, die noch in den herrschenden Zuständen wurzeln. So wird sein Denken wirklich revolutionär. Ein wesentlicher Teil seiner theoretischen Leistung besteht darin, die Notwendigkeit dieser Haltung im Gegensatz zu allen anderen geistig-sozialen Denkweisen zu begründen. Auf einer völligen Klärung des Unterschiedes zwischen seiner revolutionär-sozialistischen Haltung und einer ihm scheinbar so nahestehenden Gesinnung, wie dem anarchistischen Sozialismus Bakunins und dem Denken anderer Vertreter der „spontanen" revolutionären Entwicklung der „Masse", beruht die Möglichkeit, die politische Haltung zu verstehen, die sich in Lenins Soziologie theoretisch darlegt. Sie ist zugleich entscheidend für das rechte Verständnis der Stellung, die Lenin der Sozialdemokratie innerhalb des gesellschaftlichen Gefüges der politischen Richtungen und Parteien zuweist, die um Bestand oder Wandlung der Gesellschaftsordnung in Rußland miteinander kämpfen.

---

1) „Was tun?", Ausg. 1946; S. 58 f.

2) a. a. O., S. 67.

3) a. a. O., S. 66.

3. Politische Richtungen und Parteien im Kampf um Erhaltung oder Wandlung der Gesellschaftsform

Entsprechend der Rolle, die Lenin der Intelligenz im gesellschaftlichen Dasein und insbesondere gegenüber der revolutionären Aufgabe des Proletariats bestimmt und die er selbst in vollkommener Weise erfüllt, muß die von ihm schließlich zum Siege geführte Partei wesentlich auf der Überzeugung von der Gültigkeit bestimmter Erkenntnisse begründet sein. Während die Parteien, die das Bestehende erhalten wollen, es mit „idealistischen" Argumenten verteidigen oder bekämpfen und damit nach Lenins Überzeugung wesentlich ihre eigenen Interessen propagieren, läßt Lenins Partei bewußt nur „materielle" Grundlagen ihrer Erkenntnis und ihrer Prognosen, aber auch ihrer eigenen Vorhaben gelten. So geht sie allen den greifbaren augenblicklichen Chancen aus dem Wege, die sie verleiten könnten, ihr unbedingtes Programm in Zukunft nicht rein und ungemindert zu verwirklichen. Derartige Versuchungen tauchen im Laufe der Geschichte der „Sozialdemokratie" immer wieder auf, und an ihnen beweist Lenin in besonderem Maß seine Führerstellung durch die Unbedingtheit seiner Überzeugung von der Richtigkeit seiner gesellschaftlichen Erkenntnis und durch die Unbestechlichkeit seines revolutionären Bewußtseins.

Lenins Gegensatz gegen andere sich ebenfalls als „revolutionär" empfindende Richtungen des gesellschaftlichen Denkens und Wollens, insbesondere gegen die „Anarchisten" und die Vertreter der „spontanen Entwicklung", drückt sich darin aus, daß er von diesen das Prinzip der revolutionären Wandlung verkannt oder verfälscht sieht. Der Anarchismus ist in Wirklichkeit nur Individualismus, und er bleibt als eine „umgestülpte" bürgerliche Weltanschauung an das bürgerliche Bewußtsein gebunden. Er kann nicht zu einer wirklich revolutionären Wendung führen. Die Theoretiker der „spontanen" Entwicklung lähmen die Aktivität und machen den politischen Willen abhängig von einer sich jenseits seines Einflusses vollziehenden Bewegung. Gegen diese abschwächenden und vom Wege der revolutionären Erneuerung fortführenden geistigen Tendenzen, die außer von konkreten Interessen wesentlich von romantischen Motiven bestimmt sind, hält Lenin das Bewußtsein von der Notwendigkeit einer bis auf den Grund reichenden und von der Intelligenz auf ein bestimmtes Ziel hin planmäßig zu führenden revolutionären Aktion fest.

Der gleiche Gegensatz findet sich wieder auf der Ebene der politischen Tendenzen und ihrer organisatorischen Formen, der Parteien. Er äußert sich im Kampf Lenins gegen den „Ökonomismus", den „legalen Marxismus" und Reformismus, gegen die „Sozialrevolutionäre" und den Menschewismus. Lenin wählt gern einzelne Politiker als repräsentative Typen für derartige Richtungen. Er spricht beispielsweise von „Bernsteinianern"[1], von „Millerandismus"[2], von „Jaurèsismus"[3], „Kautskyanertum"[4], „Blanquismus"[5]. Alle diese Richtungen sind kompromißlerisch und opportunistisch. Sie fallen ab von dem prinzipiellen, sachlich unbedingten revolutionären Willen, der allein der Situation, der Funktion und der Mission des Proletariats gerecht wird. Die Situation des Proletariats ist die der vollkommenen politischen und ökonomischen Abhängigkeit. Seine Befreiung muß entsprechend eine vollkommene sein. Jeder Rest des Weiterbestehens der alten Herrschaftsformen, sei es der feudalistischen Gutsherrschaft auf dem Lande, sei es der kapitalistischen Herrschaft in der Industrie, würde es notwendig wieder in seine alte Ohnmacht zurückgleiten lassen. Die bisherigen politisch-ökonomischen Mächte müssen somit vollkommen vernichtet werden. In dem Vollzug dieser Vernichtung durch die Revolution besteht die geschichtliche Funktion des Proletariats innerhalb der gegenwärtigen geschichtlichen Epoche. Es ist der Träger der Fortentwicklung und der Repräsentant der bewegenden geschichtlichen Kraft. Seine Mission ist es, einen gegenüber aller bisherigen Geschichte vollkommen neuen gesellschaftlichen Zustand herbeizuführen. Von dieser Aufgabe darf nichts abgelassen werden. Sie kann nur ganz oder gar nicht gelöst werden. Von dieser Überzeugung zeigt sich Lenin immer wieder durchdrungen. Sie bestimmt seine politische Führung, und sie gibt ihm die Maßstäbe und die Argumente gegen alle andersgerichteten Tendenzen. Begründet und verankert ist dieses Bewußtsein in dem Bild der Gesellschaft und des geschichtlichen Prozesses, das Lenin von Marx übernommen hat. Lenins Eigentümlichkeit und seine selbständige theoretische Leistung besteht darin, daß er in unvermeidlicher Kleinarbeit immer wieder nachweist, wie alle Parteibildungen, die sich um Ausgleich mit einzelnen Elementen der bisherigen Gesellschaftsform bemühen, damit die Sache des Proletariats und der Revolution, also zuletzt: die Geschichte selbst verraten. Die dialektische Methode verlangt, daß nicht einzelne Erscheinungen herausgegriffen werden, sondern daß die gesamten Arbeitsformen, das „System der Produktionsver-

[1]) „Zwei Taktiken", 1946; S. 79.
[2]) a. a. O. S. 63.
[3]) Ausg. W., Moskau 1946; S. 341.
[4]) Ebenda, S. 749.
[5]) „Über die Pariser Kommune," Ausgabe 1946; S. 43 usw.

hältnisse“ als „Gesellschaftsformation“ ins Auge gefaßt wird und, daß „die Gesellschaft als ein lebendiger Organismus in seiner Wirksamkeit und Entwicklung betrachtet werde“[1]). Wenn Lenin seinen Gegnern „Kompromißlertum“ und „Opportunismus“ vorwirft, so sind das keine nur moralischen Urteile. Sie bedeuten nicht etwa, daß eine an sich billigenswerte politische Haltung durch Nachgiebigkeit und allzu kluge Berechnung der Augenblicksvorteile erweicht und verdorben wird, sondern sie bezeichnen für Lenin eine im Prinzip falsche Einstellung, die die einzig richtige und nur in vollkommener Konsequenz überhaupt realisierbare Linie verrät und verfehlt. Angesichts der revolutionären Aufgabe, die die Geschichte stellt, gibt es nur ein klares Entweder — Oder, einen entschlossenen Sprung auf eine zunächst geistig vorweggenommene neue Basis oder ein Zurücksinken in das geschichtlich Abgelebte. Und dieser Sprung verlangt, daß man nichts aus dem geschichtlich Überholten mitzunehmen sucht, daß man sich von allem Überkommenen lossagt. Es gibt höchstens eine nur taktische Form des Zusammengehens des Sozialismus als der neuen Gesinnung und revolutionären politischen Haltung mit dem Bürgertum, als dem Repräsentanten der gesellschaftlichen Wirklichkeit nach ihrer letzten geltenden Form. Aber auch dort, wo dieses als „Kleinbürgertum“ dem Proletariat in seiner wirtschaftlichen Situation nahesteht und menschlich und ideell sich ihm zuneigt, bleibt die Kluft unüberbrückbar. Auch das Kleinbürgertum gehört zur alten Ordnung, und sein Einfluß auf die Arbeiterschaft ist um so gefährlicher, als er aus innerer menschlich-geistiger Nähe zu ihr entspringt. Gerade gegen ihn muß sich der proletarische Sozialismus um so entschiedener und im klaren Bewußtsein seiner Eigenart und seiner Pflichten wehren (vgl. Textauswahl, V.).

Was in der Idee und haltungsmäßig als Anarchismus und Theorie der „spontanen“ Entwicklung erscheint, was sich in der politischen Praxis als Kompromißlertum und Opportunismus auswirkt, das ist seinem soziologischen Charakter nach „kleinbürgerlich“. Dieser Begriff formuliert an sich nur einen gesellschaftlichen Tatbestand. Er bedeutet die Existenz jener Schicht der Handwerker, kleinen Kaufleute und in bürgerliche Lebensformen ökonomisch aufgestiegenen Arbeiter, deren Fortbestand mit dem Schicksal der kapitalistischen Wirtschaftsweise mehr und mehr verbunden erscheint, deren sozialer Charakter aber dem Proletariat bald stärker, bald geringer ähnlich ist. Lenin erklärt, in Rußland habe die riesige kleinbürgerliche Woge alles überflutet, sie habe das klassenmäßige

[1]) Ausgew. W., Moskau 1946; S. 137.

Proletariat nicht nur durch ihre zahlenmäßige Stärke, sondern auch ideologisch überwältigt und sie habe sehr breite Arbeiterkreise mit kleinbürgerlichen politischen Ansichten angesteckt[1]). Damit wird die Auseinandersetzung mit dem Kleinbürgertum zu einer Lebensfrage für die Revolution, und da die Einheitlichkeit dieser Schicht bei sonst heterogener Zusammensetzung wesentlich nur eine ideologische ist, muß der Kampf vor allem auch geistig geführt werden.

Die entscheidenden und seine Haltung bestimmenden Gründe des Kleinbürgertums liegen im ökonomisch-sozialen Bereich. Seine wirtschaftlich-soziale Zwischen- oder Doppelstellung ist charakteristisch für die „kleine" Bourgeoisie, sie gibt ihr ein Janusgesicht. Revolutionär gegenüber den feudal-autokratischen Mächten und der Tradition, aber darauf bedacht, eine gesellschaftliche und wirtschaftliche Vorzugsstellung gegenüber dem abhängigen Proletariat zu wahren, bleibt es unzuverlässig für beide Seiten. Seine wirtschaftliche und soziale Situation ist der Ursprung einer Neigung zum Kompromiß und zum Opportunismus, die das Kleinbürgertum zu einem unsicheren Bundesgenossen machen. Immer besteht der Verdacht, daß es einem Anerbieten der Repräsentanten des Kapitals nachgibt. Daher erscheint es für das proletarische Denken als käuflich, seine „ideellen" Motive sind unglaubwürdig und seine Reformabsichten bleiben unzuverlässig.

Die fortgeschrittene Entwicklung hat dieses Kleinbürgertum in enge Berührung auch mit dem Marxismus gebracht. Das Ergebnis als politische Doktrin ist der „legale" Marxismus, der „Menschewismus" oder der „Ökonomismus" als „Widerspiegelung des Marxismus in der bürgerlichen Literatur". Ihre praktische politische Konsequenz ist die Absonderung des Menschewismus als „geschlossene Fraktion", die in der ersten Periode der russischen Revolution eine besondere Politik verfolgte[2]). Dieser „legale" Marxismus und die menschewistische Politik bedeuten nach Lenin nichts anderes als den Versuch, das Proletariat dem bürgerlichen Liberalismus politisch unterzuordnen[3]). Das Bürgertum kämpft wie das Proletariat um seiner Freiheit willen gegen die traditionellen Mächte. Das Proletariat strebt weiter nach einer neuen Begründung des gesamten gesellschaftlichen Daseins, die dem herangebildeten Stand der Produktionsverhältnisse entspricht. Eben diese Absicht aber begründet eine Gegensätzlichkeit zwischen beiden politischen Mächten. Der

---

[1]) Lenin—Stalin, Das Jahr 1917, Moskau 1939, S. 40, nach: Geschichte der KPdSU, S. 215 f.

[2]) Lenin, Vorwort zu „In zwölf Jahren", 1908, Ausgew. W., 1932—1939, Bd. II, Vorbem. VII.

[3]) a. a. O.

bürgerliche individualistische Freiheitswille tritt in dem Augenblick, in dem die Autokratie der traditionellen Herrschaft beseitigt ist, in einen Gegensatz zu dem proletarischen revolutionären Geist, und die anfängliche Gemeinsamkeit ihrer Position zerfällt. In dem Maß, in dem die liberale individualistische Freiheitsidee, die die Idee der freien bürgerlichen Persönlichkeit ist, sich mit dem Marxismus verbindet, verliert dieser seinen grundsätzlichen politischen Kampfgeist und zeigt sich für Bündnis und Kompromiß mit dem Bürgertum aufgeschlossen. Das bedeutet aber seine Kapitulation vor der bestehenden Gesellschaft und das Ende seiner Fähigkeit und seines Anrechts, das Proletariat zu einer Neugestaltung der Gesellschaft zu führen.

Der gleiche Gegensatz, den Lenin scharf herausarbeitet, führt ihn zu einer Ablehnung der liberalen Formen der Volksvertretung. So sehr sie für das Bürgertum einen Fortschritt und die politische Garantie seiner Rechte und Interessen bedeuten, für das Proletariat sind sie nicht nur eine Halbheit, sondern sie werden unmittelbar ihm gegenüber zu einem Instrument der herrschenden Autokratie, um seine, die allein wirkliche und durchgreifende Revolution zu verhindern. Die „Interessen der Bourgeoisie als Klasse" führen zwar unvermeidlich zur konstituierenden Nationalversammlung, die es den wirtschaftlichen Interessen des Bürgertums und der Kapitalisten erlaubt, sich gegen die feudalen Mächte, gegen die zaristische Autokratie und gegen den Großgrundbesitz durchzusetzen. Im Interesse des Proletariats aber liegt nur die provisorische revolutionäre Regierung. Das Streben allein nach der Nationalversammlung bedeutet ihm eine „Lösung der Politik des Kompromisses, des Kuhhandels und des Maklertums", der die Notwendigkeit des revolutionären Kampfes so entgegensteht, wie das revolutionäre Volk der letztlich doch monarchistischen Bourgeoisie. Die erstere sichert eine Möglichkeit, trotz der drohenden Revolution die Monarchie beizubehalten; sie läßt dem Zaren die Macht und beschränkt sie nur durch die Meinung des Volkes. Die zweite bahnt den Weg zur Republik und führt konsequent und vorbehaltlos zur vollkommenen Souveränität des Volkes[1]). Lenin faßt den Standpunkt der revolutionären Sozialdemokratie zusammen mit der Erklärung, daß diese die republikanisch-demokratische bürgerliche Ordnung zwar im Vergleich zum absolutistisch-feudalen Regime sanktioniere, aber lediglich als die letzte Form der Klassenherrschaft und als „geeignete Arena für den Kampf des Proletariats gegen die Bourgeoisie"[2]).

[1]) W. Ges. Ausg. Bd. VII, S. 465, geschrieben 1905.
[2]) a. a. O. S. 276.

Lenins Kampf gilt jeder Form von Klassenherrschaft und daher auch der liberalen Konstitution, die während der tiefen Existenzkrise der zaristischen Autokratie und des Absolutismus in den Bereich der politischen Möglichkeiten rückt. Sie bleibt für seine „materialistische" Denkweise nur ein Glied im Zusammenhang einer geschichtlichen Bewegung, die erst mit der proletarischen Revolution jenen von Grund auf neuen Zustand herbeiführt, der den Absolutismus und jede Form der Klassenherrschaft ablöst (s. Textauswahl, VI.). Unmittelbar nach dem Scheitern der russischen Revolution von 1905 formuliert Lenin erneut diesen Standpunkt mit knappen Worten: „Wir werden sofort nach der demokratischen Revolution, und zwar in dem Maße unserer Kraft, der Kraft des klassenbewußten und organisierten Proletariats, den Übergang zur sozialistischen Revolution in Angriff nehmen. Wir sind für die permanente Revolution"[1]).

Damit ist Lenins gesellschaftliche und politische Stellung und die vorherrschende Grundabsicht der von ihm geführten politischen Bewegung in Einklang mit seiner Gesamtanschauung von der gesellschaftlichen Situation seiner Zeit festgelegt. Die „Logik des Lebens ist stärker als die Logik konstitutioneller Lehrbücher. Die Revolution lehrt", so erklärt er, nachdem sich die Volksvertretung 1906 als nichtig erwiesen hat gegenüber der alten Macht. Der „objektive Gang der Ereignisse" ist es, der an die Stelle der Frage nach der Konstitution die andere nach der „realen Macht" auf die Tagesordnung setzt[2]). Als dialektischer Materialist weiß Lenin sich verpflichtet, die Losung des Kampfes aus einer Analyse der konkreten historischen Situation zu gewinnen. Es ist notwendig, die „ganze Entwicklung und den ganzen Verlauf der Revolution, ihre einzelnen Entwicklungsstufen Schritt um Schritt" zu verfolgen und dabei auch die früheren Etappen und Schritte der Bewegung nicht zu vergessen. So hängen Lenins materialistische Theorie der Gesellschaft, seine unmittelbaren praktischen Erfahrungen mit dem geschichtlich-revolutionären Prozeß und die Losungen, mit denen sich sein revolutionäres Bewußtsein seiner Aufgabe, der Führung des Proletariats, zuwendet, unlösbar miteinander zusammen. Wir stellen in einem knappen Aufriß dar, wie sich in der russischen Gesellschaft um Lenin die revolutionäre Situation auch nach ihrer persönlichen Seite herausbildet und ausprägt und welches die Reaktionen der Gruppen dieser Gesellschaft auf sie sind. Diese Betrachtung wird uns den Weg weisen zum Verständnis des Gesamtbildes der politi-

[1]) Ges. W., Bd. VIII, S. 248.
[2]) Ges. W., Bd. X, S. 8.

schen Wirklichkeit, das Lenin theoretisch herausgestaltet und das das Liniennetz bedeutet, in das er selbst die steile Kurve seines eigenen revolutionären, politischen Handelns und Wirkens einträgt (vgl. Textauswahl, VII.).

Wir rücken in den Mittelpunkt die Entwicklung, die bis zu dem ersten großen Aufflammen der Revolution von 1905 führt. An ihr kommen alle wesentlichen Züge des revolutionären Bewußtseins und der politischen Theorie Lenins zur Entfaltung. In der inneren Auseinandersetzung mit ihr legt er seine politisch-gesellschaftlichen Anschauungen dar. Wir empfangen dabei zugleich eine Belehrung über die Beweggründe des politischen Handelns und der politischen Zusammenschlüsse (Parteien). Diese Entwicklung ist über die Situation der russischen Gesellschaft jener Zeit hinaus aufschlußreich, nachdem sie für das russische Volk zu einer Zeit politischer Erziehung wurde. „In knapp drei Jahren der Revolution (1905—1907) machte die Arbeiterklasse und die Bauernschaft eine so erfahrungsreiche Schule der politischen Erziehung durch, wie es sie in dreißig Jahren gewöhnlicher friedlicher Entwicklung nicht hätte erhalten können. Einige Jahre Revolution machten es klar, was im Laufe von Jahrzehnten friedlicher Entwicklung nicht hätte klargemacht werden können“[1]).

Die Entwicklung der revolutionären Situation in Rußland ist eine notwendige Folge des großwerdenden Kapitalismus. Dessen Vertreter schaffen nicht allein im inneren Leben der Gesellschaft und der Wirtschaft jenen Klassengegensatz, der zur Revolution drängt, sondern sie wirken auch durch die Maßnahmen, mit deren Hilfe sie sich bessere Entwicklungsmöglichkeiten sichern wollen und die für die inneren Schwierigkeiten entspannend wirken sollen, nur umso sicherer die Voraussetzungen für den revolutionären Konflikt. Es sind nach dem Urteil des russischen Botschafters in Berlin die „Intrigen von Großfürsten und Höflingen“, durch die die russische Industrie sich in Korea Ausbreitungsmöglichkeiten schaffen will und deren Sehnsucht nach den Steinkohlenlagern und Wäldern Koreas schließlich zum Krieg mit Japan führt. Der Kriegsminister erhält vom Innenminister Plehwe, dessen Kriegsabsichten er rügt, die Antwort: „Sie kennen die Lage Rußlands nicht. Um die Revolution hintanzuhalten, brauchen wir einen kleinen siegreichen Krieg“[2]). Eben dieser Krieg bringt den ersten Ausbruch der Revolution. Welche Mächte stehen einander politisch in dieser gesellschaftlich zur Krise drängenden Situation gegenüber? In der herr-

---

[1]) „Geschichte der KPdSU“, Berlin 1946, S. 113.

[2]) Stählin, a. a. O., S. 39.

schenden Schicht verflechten sich bewußte Gaukelei, religiöse und allzu weltliche Antriebe, Selbstbetrug und seelische Erkrankung zu einem unheilvollen Kreis der Verblendung, innerhalb dessen die Selbstherrschaft sich gegen die Wirklichkeit abschließt. Mit dem Glauben an die Treue des Bauernvolkes und mit der romantischen Ideologie von der mystischen Einheit des Zaren mit dem Volk verbindet sich das Interesse der feudalen Nutznießer einer Herrschaftsform, die immer mehr in die Form krasser kapitalistischer Klassenwillkür übergeht. Um sie zu verteidigen, wird die terroristische Organisation der „Schwarzhunderter" aufgebaut und bedenkenlos eingesetzt, wo die Gewalt der Bürokratie allein nicht ausreicht, um das Volk gefügig zu halten. Die Polizei versucht durch eine scheinsozialistische Organisation unter Führung des Chefs der Ochrana, Subatow, auf die Massen des wachsenden Proletariats Einfluß zu gewinnen. In der doppeldeutigen Person des Popen Georgij Gapon, der aus der Umgebung Subatows stammt, treffen die Gegensätze aufeinander. Dieser organisiert Arbeitergruppen, die am Ende des Jahres 1904 bereits 30 000 Mitglieder umfassen. Als vier von diesen Arbeitern aus den Putilow-Metallwerken in Petersburg entlassen werden und die Forderung des Achtstunden-Arbeitstages nicht erfüllt wird, beschließt Gapon, für die Arbeiter selbst zum Zaren zu sprechen. Eine schnell wachsende Streikbewegung, der am 20. Januar 1905 93 000, am 21. Januar bereits 250 000 Arbeiter angehören, treibt die Krise sichtbar empor. Noch wahrt Gapon die alte Ideologie. In einer stark religiös empfindenden Bewegung sammelt er die Arbeiter zu einem gewaltigen Demonstrationszug, der sich unter Absingen kirchlicher Hymnen hinter vorangetragenen Heiligenbildern unter seiner Führung am 22. Januar zum Zarenpalast begibt. „Kaiser! Hilf Deinem Volke! Vernichte die Scheidewand zwischen Dir und dem Volke!" heißt es in der Petition, die vorgelegt werden soll[1]). Es ist die letzte Probe auf den inneren Ernst und die wenigstens subjektive Wahrhaftigkeit des Bewußtseins innerer „Einheit" des Zaren mit seinem Volk. Die Probe wird nicht bestanden. Vor der Realität des ihm friedlich und vertrauensvoll entgegenziehenden Volkes bricht die mystische Fiktion zusammen. Der Zar empfängt die Vertreter „seines" Volkes nicht. Das Militär richtet ein Blutbad unter den Demonstranten an. Damit zerreißt die letzte Bindung zwischen Selbstherrschaft und Volk. Die Realität gegensätzlicher Klasseninteressen erweist sich offenkundig als stärker. An die Stelle der nurmehr fiktiven Einheit des Volkes mit seinem Zaren tritt das klassenmäßig gegliederte System der aus gesellschaftlich und ökono-

[1]) Vgl. Lenin, „Ein Vortrag über die Revolution von 1905", Ausg. 1946; S. 4.

misch verschiedenen Interessen entspringenden Parteien. Gapon selbst scheint sich zum Revolutionär zu wandeln, aber Lenin, der ihm gegenüber ein „vorsichtiges, abwartendes, mißtrauisches Verhalten“ beobachtet[1]), bleibt zurückhaltend. Die Parteilosigkeit Gapons erscheint ihm als ein „negativer Faktor“[2]). Denn sie bedeutet ein Ausweichen vor der letzten realen Entscheidung. Die Partei ist der offene Ausdruck der sich in ihrer wirklichen Situation begreifenden Klasse. „Die scheinbar höhere oder bequemere oder diplomatischere parteilose Stellung“, so führt Lenin aus, „ist in Wirklichkeit nur eine u n k l a r e r e, undeutlichere und führt unvermeidlich zu Inkonsequenzen und Schwenkungen in der praktischen Tätigkeit“. Im Interesse der Revolution sei es keineswegs das Ideal des revolutionären Wirkens, daß „alle Parteien, alle Richtungen, Schattierungen sich zu einem revolutionären Mischmasch vereinigen“. Im Gegenteil werde das Wachstum und die Ausdehnung der revolutionären Bewegung und ihr immer tieferes Eindringen in die verschiedensten Volksklassen und Schichten unvermeidlich immer neue und neue Richtungen und Schattierungen hervorrufen. Und das sei gut so![3]) Der s o z i o l o g i s c h e R e a l i s m u s im revolutionären politischen Bewußtsein Lenins kommt darin konsequent zum Ausdruck. Politische Parteien sind für ihn kein Produkt von Wünschen oder Dogmen, sondern sie erwachsen unmittelbar mit Notwendigkeit und darum auch mit Recht aus klassenmäßigen Gegebenheiten. „Nur völlige Klarheit und Bestimmtheit in ihren gegenseitigen Beziehungen zueinander und in ihrem Verhältnis zur Stellung des revolutionären Proletariats können der revolutionären Bewegung den größten Erfolg sichern“[4]). So erklärt er auch dem in seiner Parteilosigkeit gescheiterten Gapon, es möge ihm, „der so tief den Übergang von den Anschauungen des politisch unbewußten Volkes zu revolutionären Anschauungen erlebte, gelingen, die für einen politischen Wortführer notwendige Klarheit der revolutionären Weltanschauung zu erreichen“[5]). Lenins Verdacht gegen Gapon erweist sich als berechtigt: dieser findet sich aus seiner unentschiedenen und zumindest zweideutigen Stellung nicht heraus, er wird kein Revolutionär. Im nächsten Jahr töten ihn einige „Sozialrevolutionäre“ als erwiesenen Spion, der für die Polizei wie für die Revolutionäre arbeitete.

---

1) Ges. W., Bd. VII, 1929; S. 120.

2) a. a. O., S. 172.

3) a. a. O., S. 173.

4) a. a. O.

5) a. a. O., S. 173/174.

Die Revolution wird zwar mit Gewalt unterdrückt, aber aus dem gesellschaftlichen Bewußtsein kann sie nicht mehr gelöscht werden. Die einmal offenkundig gewordene revolutionäre Situation reift weiter. Je nach der Stellung, die sie auf Grund ihres eigenen klassenmäßigen Charakters zu ihr einnehmen, müssen die Parteien ihre Rolle in den kommenden Jahren spielen, bis der zweite große Krieg — der erste Weltkrieg — die Partei Lenins mit der vollzogenen Revolution zum Sieg führt. Dieser Krieg bringt die „gewaltige historische Krise" zum letzten entscheidenden Ausbruch, er bedeutet endgültig den Beginn einer neuen Epoche[1]). Schon angesichts des kriegsentscheidenden Falles von Port Arthur im russisch-japanischen Krieg betont Lenin, wie stark die Sache der russischen Freiheit und des Kampfes des russischen und des internationalen Proletariats um den Sozialismus von den militärischen Niederlagen des Absolutismus abhänge. Die europäische Bourgeoisie habe allen Grund, zu erschrecken, das Proletariat habe allen Grund, sich zu freuen[2]). Der erste Weltkrieg führt dann ganz im Sinne der These, daß die großen Fragen im Leben der Völker nur durch Gewalt entschieden werden[3]), über die „Umwandlung des nationalen Krieges in den Bürgerkrieg"[4]) zum Sieg der Revolution. Das revolutionäre Bewußtsein gelangt zur Deckung mit der gesellschaftlichen Wirklichkeit. Die marxistische Idee des gesellschaftlichen Prozesses wird zum Ausdruck des politischen Geschehens, und die historische und objektive Gültigkeit der materialistischen Soziologie wird eine vollkommene im Augenblick der Auflösung der überkommenen Gesellschaftsform und der Vernichtung der autokratischen Herrschaft in allen ihren Erscheinungsformen.

---

1) Ges. W., Bd. XVIII, S. 95.

2) Ges. W., Bd. VII, S. 558.

3) Ges. W., Bd. XXV, S. 541

4) Ges. W., Bd. XVIII, S. 74.

IV. Das soziologische Denken Lenins in seinem grundsätzlichen Gehalt

Keine soziologische Theorie ist unabhängig von dem gesellschaftlichen Dasein, dessen Bewußtsein in ihr die reine und allgemeinste Form findet. Dabei wirken eine Fülle verschiedener Faktoren mit. Von Grund auf bestimmend ist die gesamtgesellschaftliche Verfassung des Lebens. Mit ihr setzt sich die Theorie positiv oder negativ, ausdrücklich oder nicht, auseinander. Je nachdem, ob die Vertreter der „Intelligenz" harmonisch in das gesellschaftliche Gesamtgefüge eingeordnet sind oder ob sie überwiegend in Opposition stehen, wird die Theorie einen anderen Charakter haben. Dazu kommen individuelle Besonderheiten, die die Haltung des Einzelnen abwandeln und ihn, sei es als „Reaktionär" oder als „Revolutionär", in Widerspruch kommen lassen können sowohl zu der gesellschaftlichen Wirklichkeit wie auch zu den anderen Theoretikern. Eine weitere Abartung entspringt aus der besonderen Gliederung der Gesellschaft. Ist diese ständisch geordnet, dann erwachsen für den gesellschaftswissenschaftlichen Denker andere, mehr auf das Ganze gerichtete Fragen, als wenn sie klassenmäßig zerrissen ist. Denn in diesem Fall wird nicht nur die gedankliche Position wesentlich durch die klassenmäßige Stellung des Denkers berührt, sei es, daß er unbewußt oder bewußt vom Klasseninteresse mitbestimmt wird, sei es, daß er sich in Gegensatz zu ihm stellt, sondern das Gesamtbild der Gesellschaft erscheint in sich zerrissen, statt harmonisch oder „organisch". Unproblematisch jedenfalls kann die klassenmäßige Struktur für den Denker nicht sein, während die ständische Gesellschaft, solange sie ihren Charakter vergleichsweise rein behält, in dieser Hinsicht auch für das soziologische Denken mehr selbstverständlich bleibt. Die Fragwürdigkeit der inneren Ordnung des gesellschaftlichen Daseins ist im wesentlichen ein Ergebnis der modernen, durch den „Kapitalismus" auf die Spitze getriebenen Zerrissenheit der Gesellschaft in Klassen von verschiedener Macht, verschiedenen Interessen und verschiedener Lebenslage. Während es sich bis dahin im wesentlichen darum handelt, die Situation des untersten Standes zu bessern, tritt mit der Existenzgefährdung der Gesellschaft durch die Klassenspaltung im Gefolge des Kapitalismus die Frage einer Abschaffung aller Klassen überhaupt als grundsätzliches Problem in das Gesellschaftsdenken ein. Es stellt die radikale Konsequenz dar von jenem sich in mancherlei Formen allmählich in der modernen Gesellschaft heranbildenden Streben, den immer krasser hervortretenden Übelständen dieser Gesellschaft entgegenzutreten. Sein Entstehen ist gleichbedeutend damit, daß erstens der tatsächliche, bestehende, kritische Zustand der Gesellschaft als solcher gegenständlich erkannt wird, wie zweitens damit, daß sich ihm gegenüber ein Denken und Wollen herausbildet und sich innerlich sammelt, das diesen Zustand um keinen Preis länger zu dulden gewillt ist. Dieses r e v o l u t i o n ä r e B e w u ß t s e i n i m s t r e n g e n S i n n d e s W o r t e s ist also der Ausdruck einer vollkommenen Zerrissenheit der gesellschaftlichen Existenz und eines äußersten Widerspruchs der ein sinnvolles und menschenwürdiges Leben erstrebenden Vernunft gegen diese gegebene Existenz. Kraft einer solchen auf den Grund des gesellschaftlichen Lebens reichenden Spannung wird das revolutionäre Bewußtsein fähig, die Frage nach dem Aufbau der Gesellschaft und nach ihrer besten Gesamtform scharf und klar herauszuarbeiten und sie der Theorie zu stellen. Sein prinzipieller Charakter setzt das revolutionäre Bewußtsein in Gegensatz zur Gesinnung der bloßen R e f o r m, die nicht den Gesamtbestand, sondern Einzelheiten berührt, aber auch zu einer Haltung, die nur mit i n d i v i d u e l l e n E i n z e l a k t e n reagiert (Terrorismus, sozialrevolutionäre Richtung). Das revolutionäre Bewußtsein muß sich bis zu einem erkennenden Blick auf das Ganze erweitern, dessen wesenhafte Wandlung sein Ziel ist. Das revolutionäre Bewußtsein steht somit in einem engen Zusammenhang mit der soziologischen Theorie. Es wird als radikales Bewußtsein der Problematik der gesellschaftlichen Wirklichkeit zum Ursprung der revolutionären Theorie in ihrer grundsätzlichsten Fassung. Es stellt das soziologische Problembewußtsein innerhalb der gesellschaftlichen Wirklichkeit als eine wirkende Realität dar, und d i e T h e o r i e d e r G e s e l l s c h a f t w i r d i n d e m M a ß z u i h r e n p r i n z i p i e l l e n F r a g e n g e f ü h r t, i n d e m s i e f ä h i g w i r d, d e n P r o b l e m g e h a l t d e s r e v o l u t i o n ä r e n B e w u ß t s e i n s a l s A u s d r u c k e i n e r e x i s t e n t i e l l e n K r i s e d e s r e a l e n G e s e l l s c h a f t s g e f ü g e s g e d a n k l i c h u n d g r u n d s ä t z l i c h a u s z u l e g e n.

Deutet man die geistige Position Lenins in diesem Sinne, so ist es für das Verständnis seiner Lehre auch in ihrem generellen soziologischen Gehalt charakteristisch und entscheidend, daß er praktischer Revolutionär ist; seine Gesellschaftserfahrung, aus der sein theoretisches Denken seine Nahrung empfängt, ist wesentlich dadurch bestimmt, daß er der am meisten folgerichtig und grundsätzlich denkende Führer einer den Gedanken der Revolution in äußerster Schärfe *realisierenden* Partei ist; seine soziologische Theorie entwickelt sich wiederum als die *generalisierte Fassung seiner Erfahrung als Politiker.* Die Erkenntnis seiner eigenen gesellschaftlichen Position innerhalb der Partei und der Mitwelt, sowie die Konzeption seines Zieles sind davon bestimmt, daß er sein Wirken und sein Erkennen ganz in den Dienst seiner revolutionären Aufgabe stellt. In diesem Sinn wird in einer Einleitung zu seinen Werken gesagt, die Lehre Lenins, der „Leninismus", verallgemeinere nur die Erfahrungen nicht nur der russischen, sondern der gesamten internationalen Arbeiterbewegung, sie sei eine internationale proletarische Theorie und habe Bedeutung für alle Länder[1]). Indessen ist in diesem Ausdruck der „Verallgemeinerung" ein Problem verborgen, das an den Gültigkeitscharakter einer solchen Theorie rührt. Lenins Theorie ist nicht nur die Verallgemeinerung einer individuellen Erfahrung und der gedankliche Ertrag einer besonderen geschichtlichen Auseinandersetzung, deren geistiges Ergebnis nachträglich auf andere gesellschaftliche und geschichtliche Gefüge übertragen werden müßte. Denn ein solches Verfahren würde zwar für das praktische Verhalten annähernd brauchbare, wenn auch individuell zu modifizierende Richtlinien liefern, es ergäbe aber keine gültige Theorie. Der eigentliche theoretische Gehalt, den Lenins Denken herausarbeitet, stammt nicht nur daraus, daß er als geschichtliche Persönlichkeit in einer extremen revolutionären Situation steht, denkt und wirkt. Lenin hat das *Phänomen der Revolution in seiner unbedingten Reinheit bewußt erlebt und er erkennt sein überhistorisches Wesen, indem er es geschichtlich realisiert.* Seine theoretische Bemühung geht darum, den *revolutionären Sachverhalt als Situation und Aufgabe* von allen Trübungen und Abschwächungen zu befreien und rein zu erhalten. Daher sein permanenter Kampf gegen jede Art des Kompromisses, gegen alle Versuche, die Revolution durch irgend eine Form des Ausgleichs gedanklich und praktisch in ihrem Wesen zu vernichten. In Lenins Denken und Handeln — beides ist auf das engste verbunden — isoliert sich die revolutionäre Haltung, Erkenntnis und Tat gegenüber allen sonstigen individuellen Abwandlungen des Denkens und Verhaltens und gegenüber allen anderen gesellschaftlichen Erscheinungen und Tatbeständen. Aus dieser inneren und

[1]) Wl. Sorin, in „Ausgewählte Werke", 1932—1939, Bd. I, S. 2.

zentralen Beziehung seines Bewußtseins und seines Verhaltens, seiner wissenschaftlichen wie politischen Arbeit auf den Sachverhalt der Revolution gleichsam „an sich“ entspringt die Gültigkeit seiner Erkenntnis und damit auch das Recht zur Verallgemeinerung. Wo immer die moderne Revolution konsequent gewollt wird, kann sie daher nur im Sinne von Lenins Theorie und Praxis vollzogen werden. Jede Abweichung bedeutet ein Verfehlen des revolutionären Zieles; jede Erkenntnis und Handlung, die mit Lenins Auffassung in Einklang steht, ist gültig und richtig im Sinn der Revolution in der Epoche des Übergangs von der Autokratie zur Demokratie.

Daraus entspringt der exemplarische Charakter der Werke Lenins auch für eine allgemeine soziologische Theorie. Wohl ist es daneben möglich, durch Vergleich aller Revolutionen theoretisch ein Bild von dem Charakter des revolutionären Prozesses zu gewinnen. Ein solches auf Vergleich beruhendes theoretisches Verfahren der Soziologie wird aber immer zu unscharfen und bestreitbaren Ergebnissen führen, wenn es nicht orientiert ist an einem klaren Begriff des Wesens der Revolution. Es wird ohne eine solche Wesensbestimmung leicht Einflüssen des Standortes und der eigenen Anschauungsweise des Denkers unterliegen. Dadurch kommt dann die Verschiedenheit der Theorien vom Wesen und Wert der Revolution zustande. Welche Erscheinungen des gesellschaftlichen Daseins überhaupt als Revolution angesehen werden dürfen — im Unterschied zur Reform, zur Reformation, ja zur bloßen geschichtlichen Wandlung, — das eben kann ein vergleichender Überblick niemals lehren. Ein solcher setzt vielmehr eine scharfe und genaue Idee von dem Wesen der Revolution voraus, wenn er seinen Gegenstand fest bestimmen will! Diese „Idee“ der Revolution ist es, die Lenin in voller Reinheit repräsentiert und erfaßt. Die besondere extrem revolutionäre Situation in Rußland zur Zeit seines Auftretens und Wirkens ist ebenso dafür die Voraussetzung wie sein Denken, in das die Ergebnisse einer langen Entwicklung und Erfahrung eingehen. In Lenin vereinigen sich alle Momente, deren Zusammentreffen erst den Tatbestand der Revolution zu einem vollkommen klaren Bewußtsein kommen lassen. Als Vertreter der revolutionären Intelligenz ist er in einen äußersten Gegensatz zur gesellschaftlichen Wirklichkeit seiner Zeit gedrängt, die er eben darum vollkommen „objektiv“ erkennt. Er ist der Exponent der äußersten gesellschaftlichen Spannung zwischen bestehender und zu erstrebender neuer Gesellschaftsform. Diese Gespanntheit seines Bewußtseins zwischen vollkommener Verneinung des Bestehenden und konzessionsloser Orientierung an einem Zielbild des künftigen Zustandes gibt seinem Forschen und Denken, wie seinem Handeln aus der geschichtlichen Wirklichkeit heraus die Richtung und Energie. Sie läßt seine Theorie als einen unmittelbaren Ausdruck des revolutionären Bewußtseins im Einklang mit den Wesenszügen der Revolution als solcher entspringen, sie gibt ihr eine sachliche Verbindlichkeit und eine echte theoretische Geltung. Der Ursprung des soziologischen Denkens von Lenin in dem bestimmten geschichtlichen realen Prozeß der Revolution hebt den Gültigkeitscharakter seiner Ergebnisse nicht auf, sondern er begründet sie einerseits frei von der Relativität einer nur aus Vergleichen erwachsenden Erkenntnis und er sichert andererseits ihre Unbedingtheit gegen eine dogmatische Erstarrung jenseits der tatsächlichen Erscheinungen.

Ein Versuch, die soziologische Theorie Lenins als Ganzes zu entwickeln, würde über die Absicht dieser Untersuchung hinausgehen. Wir haben aber mit der vorangehenden Erklärung der geistig-gesellschaftlichen Position Lenins den Grund gelegt, um die besondere Eigenart der aus dem revolutionären Bewußtsein entspringenden Soziologie im Rahmen der allgemeinen soziologischen Theorie zu verstehen. Es bleibt die Aufgabe, die Grundzüge des gesellschaftswissenschaftlichen Denkens von Lenin nach ihrem prinzipiellen Gehalt darzulegen. Das soll in dreifacher Hinsicht unternommen werden. Erstens: Lenin gibt der Soziologie eine erkenntnistheoretische Begründung im Materialismus. Zweitens: Im Mittelpunkt der positiven Analyse der Gesellschaft steht die Kommune als Kernform der erstrebten Gesellschaftsverfassung und als Ziel der Revolution. Drittens: Lenin entwickelt ein bestimmtes Verhältnis des Geistes zur gesellschaftlichen Wirklichkeit mit seiner Lehre von der revolutionären Taktik und der Aufgabe und Funktion der „Intelligenz" gegenüber der revolutionären Masse. Diese drei wesentlichen Fragenkomplexe sind im Sinn der dargelegten grundsätzlichen Position des Gesellschaftsdenkens auszulegen.

1. Materialistische und subjektive Soziologie

Einen Gegensatz zwischen einer „subjektiven" und einer „objektiven" Theorie der Gesellschaft kann es erst geben, wenn der Geist, das Ideelle oder das subjektive erlebnismäßige Moment sich aus der unmittelbar, auch dinglich-materiell erlebten gesellschaftlichen Wirklichkeit freiwillig oder gezwungen herausgelöst haben. Denn soweit eine Gesellschaftsform noch alle Seiten des Daseins in einer innerlich zusammenstimmenden Weise in sich befaßt, durchdringt das Denken die soziale Wirklichkeit als eine in sich selbst verständliche Gegebenheit, und diese wiederum nimmt die zielsetzenden und gestaltenden Antriebe des Geistes ohne Widerspruch in sich auf und gibt ihnen Folge. Eine solche wünschenswerteste Situation ist in der Gesellschaft nur selten gegeben, und zwar immer nur dann, wenn die realen Grundlagen des Zusammenlebens im Einklang miteinander stehen und im Rahmen der geltenden Gesellschaftsordnung den Lebensansprüchen zumindest der Majorität genügen. Diese innere Zusammenstimmung wird durch die moderne Entwicklung immer stärker gestört und nicht wiederhergestellt. Der einschneidendste Zwiespalt in der modernen Gesellschaft entspringt mit dem kapitalistischen Wirtschaftssystem zwischen der bürgerlichen und der proletarischen Situation. An ihm scheitert endgültig die innere, umfassende Einhelligkeit, die die ständische Welt noch als ein vergleichsweise einheitliches Gefüge erscheinen läßt. In der ständischen Welt herrscht ein durchgehendes und als solches allgemein angenommenes Prinzip des Aufbaues und der Kommunikation. Mag der einzelne Stand mit seinem Schicksal zufrieden sein oder nicht, das Prinzip des ständischen Daseins wird nicht in Frage gestellt, und die geistige Sinngebung des Daseins wirkt bis in die Tiefen der Gesellschaft hinab. Nachdem die moderne kapitalistische Entwicklung die ständische Gesellschaft weitgehend in die rein ökonomisch gegliederte Klassengesellschaft umgewandelt hat, wird für die Majorität der abhängigen Arbeiter der „Geist" oder vollends die Geistlichkeit als zur herrschenden Klasse gehörig und mit ihr verbündet fragwürdig. Analog reicht die gesellschaftliche Wirkung des „Geistes" nicht mehr bis in die Tiefe des sich, auch aus Protest, rein „materialistisch" auffassenden „Volkes" hinab. „Idealismus" und „Materialismus" verbinden sich je mit einer Seite des alles durchziehenden Klassengegensatzes, freilich nicht, ohne daß mannigfache Mischgebilde entstehen. Im Prinzip ist der „Idealismus" als die allgemeine Zusammenfassung aller eine Eigenwertigkeit und Eigenständigkeit des Geistes behauptenden Tendenzen die Geisteshaltung eines in der Realität zu Bestand und vollem Dasein gediehenen, sozial vollgültigen Menschentums. Der Materialismus erscheint dagegen in soziologischem Aspekt als die Denkweise der sich unterdrückt wissenden, ihrer Wirklichkeit ebenso bewußten, wie an ihrer sozialen Unterwertigkeit leidenden Schichten. Vom Standpunkt dieses Materialismus aus werden Revolutionen geführt.

In diesem Sinne stellt Plechanow, der einflußreiche Theoretiker des Marxismus in Rußland, die gesellschaftliche Rolle der materialistischen Philosophie für das aufkommende revolutionäre Bürgertum in seinen Untersuchungen über die Geschichte des Materialismus dar. Die bürgerliche Welt kämpft sich im Zeichen der „Moral“ gegen die feudale Hierarchie und Aristokratie empor. Das Christentum ist in seinen konservativen Formen eng mit der idealistischen Philosophie verbunden. Also muß die revolutionäre Moral des Bürgertums eine „materialistische“ sein, und die Instanzen, die gegen die göttliche Autorität ins Feld geführt werden, sind die „Vernunft“, die „Erfahrung“, die „Natur“. Ein anderes Verfahren wäre durchaus unzweckmäßig. Nichts sei unvorteilhafter für die menschliche Moral, als sie mit der göttlichen Moral zu kombinieren, lehrt der Materialist. Denn dadurch, daß man eine vernünftige, auf Vernunft und Erfahrung begründete Moral mit einer mystischen, der Vernunft feindlichen, auf Einbildung und Autorität gegründeten Religion verbinde, verwirre man nur die erstere, man schwäche und zerstöre sie sogar[1]). Plechanow unterstreicht in der genannten Schrift die Gedankenentwicklung, die von dem ursprünglich „metaphysischen“ Standpunkt der materialistischen Philosophie, der das Bestehen beharrlicher Wesenheiten behauptet, zum Begreifen der Evolution hinführt und die dazu gelangt, die naturwissenschaftliche Methode durch die sozialwissenschaftliche zu ersetzen. Plechanow zeigt, wie die „materialistische“ Moral im wesentlichen die für die aufkommende bürgerliche Erwerbsgesellschaft existenznotwendigen Faktoren zu begründen sucht: den Handel, das Geld und das Eigentum, und er wendet gegen diese Auffassung ein, sie habe den Dogmatismus nicht verlassen. Man habe nur seine Grenzen erweitert, um für die Bourgeoisie einen freien Weg zu bahnen[2]). Erst die dialektische Methode, die der Idealismus auf der Höhe seiner philosophischen Geltung entwickelt, bewirkt eine Revolution des Geschichtsdenkens, durch die die Auffassung der menschlichen Geschichte als gesetzmäßiger Prozeß möglich wird. Eine geschichtliche Notwendigkeit tritt an die Stelle des ungeordneten Spiels des Zufalls[3]). Der deutsche Idealismus, der lehrte, daß „alles Endliche dies ist, sich selbst aufzuheben, in sein Gegenteil überzugehen“, habe durch sein eigenes Beispiel, durch seinen Untergang einen weiteren Beweis für die Richtigkeit seiner Lehre geliefert. „Ein Jahrzehnt nach dem Tode Hegels erscheint der Materialismus wiederum auf der Bühne der philosophischen Entwicklung und hat bis heute nicht aufgehört,

---

[1]) Holbach, nach: Plechanow, „Beiträge zur Geschichte des Materialismus“, Neuausgabe Berlin 1946, S. 19.

[2]) Plechanow, a. a. O., S. 95.

[3]) Plechanow, a. a. O., S. 111.

über seinen alten Gegner Siege zu erringen"[1]). Dieser Materialismus unterscheidet sich im Prinzip von dem Dogmatismus der französischen geistigen Revolutionäre durch sein Geschichtsbewußtsein: sein charakteristischster Zug ist die dialektische Methode. Sie verhilft nach der Ansicht Plechanows allein zur Lösung der bislang auch vom Materialismus nicht beantworteten Frage, wovon die Struktur der Gesellschaft und die Besitzverhältnisse abhängen[2]). Der Denker dieses dialektischen Materialismus ist Karl Marx.

Der moderne dialektische Materialismus tritt der idealistischen Philosophie und Weltanschauung ebenso kritisch gegenüber, wie der französische Materialismus die traditionellen idealistischen Mächte seiner Zeit bekämpft. Er geht einen Schritt weiter, indem er grundsätzlich eine eigene Entwicklung des Geistes schlechthin ablehnt, die der Vernunftglaube der Aufklärung immerhin nicht ausschließt. Plechanow erklärt im Sinne des dialektischen Materialismus, die Evolution der Ideologien sei im Grunde durch die ökonomische Entwicklung bestimmt. Während die ökonomische Entwicklung in großen Zügen hinreichend durch ihre eigene Logik erklärt werden könne, finde der Weg der geistigen Evolution eine Erklärung nur in der Ökonomie[3]). Damit soll auch für die Zukunft alles geistige Werden, alle Entwicklung der Ideen in eine strikte und zwingende Abhängigkeit gebracht werden von dem Entwicklungsgang der Ökonomie. Für die zunächst auch materialistisch begründeten Vernunftideen der bürgerlichen Welt gibt es eine geschichtlich reale Bindung der „Ideen" nicht. Vielmehr können sie auf der Höhe des bürgerlichen Geschichtsbewußtseins von Hegel geradezu als selbstwirksame Mächte der geschichtlichen Entwicklung gedeutet werden. Dieser „Idealisierungsprozeß" soll unmöglich gemacht werden. Denn, so können wir den Standpunkt der Gegner des Idealismus weitergehend interpretieren, die Idealisierung bedeutet Negation des Fortschreitens und Abkehr von dem geschichtlichen Prozeß. Wenn beispielsweise ein Ideenbild der Gesellschaft dem sich aus sich selbst vollziehenden „materiell" bedingten Prozeß der Geschichte entgegengehalten wird, dann muß dieses entweder als Vorstellung eines niemals und nirgends wirklichen Zustandes „utopisch" sein — Beispiel: Platons „Staat", — oder es ist „reaktionär" als Idealisierung einer gewesenen oder einer zwar gegenwärtigen, aber im nächsten Augenblick von dem realen Prozeß schon überholten Form — Beispiel: die romantische Ständeidee. Nur ein gesellschaftliches Den-

1) Plechanow, a. a. O., S. 115.

2) Plechanow, a. a. O., S. 127.

3) a. a. O., S. 158.

ken, das sich ständig an den wechselnden Bedingungen und Notwendigkeiten des vom menschlichen Bewußtsein unabhängig sich vollziehenden Prozesses ausrichtet, kann im Einklang mit der Wirklichkeit bleiben. Idealismus bedeutet praktisch, daß das Denken, das sich an seinen ideellen „Urbildern" orientiert, gegenüber der in ihrem Kern „dynamischen" Wirklichkeit zurückbleiben muß. Der historische „Materialismus" dagegen will historischer Realismus sein.

Es kennzeichnet den historischen Materialismus als philosophische Tendenz, daß er den materiellen Prozeß der ökonomisch-technischen Entwicklung als nicht nur dem gesellschaftlichen Denken, sondern allem geistigen Sein und Leben gegenüber schlechthin vorgeordneten und bestimmenden Grund ansieht. Wir können die ganze, wesentlich von Marx zusammengefaßte gedankliche Welt des dialektischen Materialismus nicht darstellen und beschränken uns auf die Stellen aus Marx, die Lenin selbst hervorhebt. Zu der „Erklärung des gesellschaftlichen Bewußtseins aus dem gesellschaftlichen Sein" (Sperrungen von Lenin) zitiert Lenin (aus Marx, „Das Kapital", Bd. I): „Die Technologie enthüllt das aktive Verhalten des Menschen zur Natur, den unmittelbaren Produktionsprozeß seines Lebens, damit auch seiner gesellschaftlichen Lebensverhältnisse und der ihnen entquellenden geistigen Vorstellungen"[1]. Er fügt als abgeschlossene Formulierung der Grundsätze des Materialismus die bekannten, vielzitierten Ausführungen von Marx aus dem Vorwort zur „Kritik der politischen Ökonomie" an:

„In der gesellschaftlichen Produktion ihres Lebens gehen die Menschen bestimmte notwendige, von ihrem Willen unabhängige Verhältnisse ein, Produktionsverhältnisse, die einer bestimmten Entwicklungsstufe ihrer materiellen Produktionskräfte entsprechen.

Die Gesamtheit dieser Produktionsverhältnisse bildet die ökonomische Struktur der Gesellschaft, die reale Basis, worauf sich ein juristischer und politischer Überbau erhebt und welcher bestimmte gesellschaftliche Bewußtseinsformen entsprechen. Die Produktionsweise des materiellen Lebens bedingt den sozialen, politischen und geistigen Lebensprozeß überhaupt. Es ist nicht das Bewußtsein der Menschen, das ihr Sein, sondern umgekehrt ihr gesellschaftliches Sein, das ihr Bewußtsein bestimmt. Auf einer gewissen Stufe ihrer Entwicklung geraten die materiellen Produktivkräfte der Gesellschaft in Widerspruch mit den vorhandenen Produktionsverhältnissen, oder, was nur ein juristischer Ausdruck dafür ist, mit den

---

1) „Karl Marx", Neuausgabe Berlin 1945, S. 12.

Eigentumsverhältnissen, innerhalb deren sie sich bisher bewegt hatten. Aus Entwicklungsformen der Produktionskräfte schlagen diese Verhältnisse in Fesseln derselben um. Es tritt dann eine Epoche sozialer Revolution ein. Mit der Veränderung der ökonomischen Grundlage wälzt sich der ganze ungeheure Überbau langsamer oder rascher um. In der Betrachtung solcher Umwälzungen muß man stets unterscheiden zwischen der materiellen, naturwissenschaftlich treu zu konstatierenden Umwälzung in den ökonomischen Produktionsbedingungen und den juristischen, politischen, religiösen oder philosophischen, kurz ideologischen Formen, worin sich die Menschen dieses Konflikts bewußt werden und ihn ausfechten.

So wenig man das, was ein Individuum ist, nach dem beurteilt, was es sich selbst dünkt, ebensowenig kann man eine solche Umwälzungsepoche aus ihrem Bewußtsein beurteilen, sondern muß vielmehr dies Bewußtsein aus den Widersprüchen des materiellen Lebens, aus dem vorhandenen Konflikt zwischen gesellschaftlichen Produktionskräften und Produktionsverhältnissen erklären. . . . . . . In großen Umrissen können asiatische, antike, feudale und modern bürgerliche Produktionsweisen als progressive Epochen der ökonomischen Gesellschaftsformation bezeichnet werden"[1]). Gegenüber dieser Lehre muß, wie es nun keiner weiteren Erklärung mehr bedarf, jede Philosophie, die dem Geistigen eine schöpferische, ursprüngliche und, wie es zum Idealismus gehört, das Wirkliche eigenwillig bestimmende Macht zuschreibt, als zwar soziologisch verständlich, aber prinzipiell falsch erscheinen. Wo darüber hinaus praktisch versucht wird, ein Ideenbild zur gestaltenden Macht in der Wirklichkeit werden zu lassen, wird nicht nur verkannt, daß „Fortschritte" immer zuerst in dem technisch-ökonomischen Prozeß vorbereitet sein müssen, sondern ein solcher Versuch muß nach der materialistischen Lehre, gesellschaftlich angesehen, einen „reaktionären" Charakter gewinnen.

Diese Bindung des Bewußtseins an das Sein — Lenin spricht in der angeführten Stelle und auch sonst zuweilen speziell von dem „gesellschaftlichen" Bewußtsein und dem „gesellschaftlichen" Sein — besteht nach der Lehre der materialistischen Geschichtsauffassung immer und notwendigerweise. Der historische oder dialektische Materialismus gibt sich damit den Charakter einer ihrem Prinzip, nicht ihren einzelnen Ergebnissen nach, endgültigen und absoluten Philosophie. Nicht mit dem erreichten Selbstbewußtsein der Idee im „absoluten Geist", wie Hegel es sah, sondern erst mit der Erkennt-

[1]) Lenin, a. a. O., S. 12/13.

nis der materialistischen, d. h. auf den Stand der Produktionsverhältnisse bezogenen Begründung der Ideenentwicklung soll eine abschließende Erkenntnis der gesellschaftlichen und der geistigen Wirklichkeit erreicht und für immer festgelegt sein. An dieser prinzipiellen Entscheidung wird nichts geändert, wenn auch dem Geistigen unter Voraussetzung des letztentscheidenden Primates des Ökonomischen eine eigene Wirksamkeit zugestanden wird, oder wenn sogar der Gesichtspunkt der Wechselwirkung, wenigstens von Plechanow, als ein „nicht nur legitimer", sondern geradezu als ein „gänzlich unvermeidbarer" eingeführt wird[1]). Auch wenn das Geistige auf das ökonomisch Reale zurückwirkt, liegt doch die Urbewegung in diesem letzteren. Ihr dialektischer Gang ist zuletzt der Gang der Geschichte schlechthin. Wo aber der Gedanke einer Eigenständigkeit oder gar der eigengesetzlichen Fortentfaltung des Ideellen aus ihm selbst heraus erscheint, muß er als Gegensatz gegen die materialistische Geschichtsauffassung, damit aber zugleich als Gegner der durch sie ausgedrückten revolutionären Position erscheinen. Auf diese Weise zeichnet sich für das revolutionäre Bewußtsein eine zweite Front ab: es ist nicht allein auflösend und kritisch gegen alle überkommenen Autoritäten und damit gegen den Idealismus als Ausdruck einer in sich stabilisierten bürgerlichen Geisteswelt gerichtet, sondern ebenso gegen jede Neigung, innerhalb der neuen geistig und ökonomisch-politisch zur Geltung und Wirksamkeit gelangenden Arbeiterklasse die materialistische Interpretation in irgendeiner Weise im Sinne der Anerkennung der Eigenwertigkeit des Geistigen zu mildern. An dieser zweiten Front wird Lenin zum entschiedenen, unerbittlichen Verfechter des konsequent materialistischen Standpunktes, und es charakterisiert wiederum seine geistige Position, daß er sich des besonderen Charakters dieser Frontstellung und seiner eigenen prinzipiellen Funktion scharf und erschöpfend klar bewußt wird. Sein Werk „Materialismus und Empiriokritizismus" liefert eine Erkenntnistheorie des konsequenten ökonomischen Materialismus als Ausdruck des revolutionären Bewußtseins im scharfen Gegensatz gegen jede noch so abgemilderte Form des Idealismus, auch aus den Reihen ihm ehemals nahestehender proletarischer Denker. Aus der gleichen Position heraus, wie für den Materialismus und gegen den Idealismus, kämpft Lenin gegen die „subjektiven" Richtungen des soziologischen Denkens für eine „objektive" Soziologie.

---

[1]) a. a. O., S. 167.

Wie Plechanow findet Lenin ein für allemal im Marxismus die gedanklichen Grundzüge seines Geschichtsbildes und seiner Auffassung von der Gesellschaft. Er faßt die Bedeutung, die er der Leistung von Marx gibt, in folgenden Sätzen knapp zusammen: „Die Entdeckung der materialistischen Geschichtsauffassung oder richtiger: die folgerichtige Fortführung, die Ausdehnung des Materialismus auf das Gebiet der gesellschaftlichen Erscheinungen hat zwei Hauptmängel der früheren Geschichtstheorien beseitigt. Diese hatten erstens im besten Falle nur die ideellen Motive des geschichtlichen Handelns der Menschen zum Gegenstand der Betrachtung gemacht, ohne nachzuforschen, wodurch diese Motive hervorgerufen werden, ohne die objektive Gesetzmäßigkeit in der Entwicklung des Systems der gesellschaftlichen Verhältnisse zu erfassen, ohne die Wurzeln dieser Verhältnisse im Entwicklungsgrad der materiellen Produktion zu erblicken; zweitens hatten die früheren Theorien gerade die Handlungen der Massen der Bevölkerung außer acht gelassen, während der historische Materialismus zum ersten Mal die Möglichkeit gab, mit naturgeschichtlicher Exaktheit die gesellschaftlichen Lebensbedingungen der Massen sowie die Veränderungen dieser Bedingungen zu erforschen. Die ‚Soziologie' und die Geschichtsschreibung vor Marx hatten im besten Falle eine Anhäufung von fragmentarisch gesammelten unverarbeiteten Tatsachen und die Schilderung einzelner Seiten des historischen Prozesses geliefert. Der Marxismus wies den Weg zur allumfassenden, allseitigen Erforschung des Prozesses der Entstehung, der Entwicklung und des Verfalls der gesellschaftlich-ökonomischen Formationen, indem er die Gesamtheit aller widerstreitenden Tendenzen untersuchte, diese auf die exakt bestimmbaren Lebens- und Produktionsverhältnisse der verschiedenen Klassen der Gesellschaft zurückführte, den Subjektivismus und die Willkür bei der Auswahl bzw. Auslegung der einzelnen ‚vorherrschenden' Ideen ausschaltete und die Wurzeln ausnahmslos aller Ideen und aller verschiedenen Tendenzen im gegebenen Stand der materiellen Produktionskräfte aufzeigte. Die Menschen machen ihre Geschichte selbst; aber wodurch die Motive der Menschen und namentlich die der Massen bestimmt, wodurch die Zusammenstöße der widerstreitenden Ideen und Bestrebungen verursacht werden, was die Gesamtheit aller dieser Zusammenstöße der ganzen Masse der menschlichen Gesellschaften darstellt, was die objektiven Produktionsbedingungen des materiellen Lebens sind, die die Basis für alles geschichtliche Handeln der Menschen schaffen, wie das Entwicklungsgesetz dieser Bedingungen lautet, — auf all das machte Marx aufmerksam und wies den Weg zum wissenschaftlichen Studium der Geschichte als eines einheitlichen, in all seiner gewaltigen Mannigfaltigkeit und Gegensätzlichkeit gesetzmäßigen Prozesses"[1]).

Um die beiden Punkte, an denen Marx nach Lenin entscheidend über seine Vorgänger hinausgegangen ist, noch schärfer hervortreten zu lassen, erwähnen wir zwei mit ihnen gedanklich zusammenhängende Probleme, zu denen der Marxismus gleichfalls in prägnanter Weise Stellung nimmt. Das Verhältnis der ideellen Motive zur „objektiven Gesetzmäßigkeit" und die damit zusammenhängende Bestimmung dessen, was mit dem „Materiellen" eigentlich gemeint ist, ist die erste Frage, die der Marxismus im Unterschied von anderen Gedankengängen, die sich auch materialistisch nennen, beantworten muß. Die andere ergibt sich daraus, daß der Marxismus zwar die Massen in den Mittelpunkt seiner Betrachtungen rückt, aber auch der Persönlichkeit ihre Rolle in der Geschichte zuweisen muß.

Wie in seiner politischen Geisteshaltung, ist Bakunin auch in seiner Interpretation des Materialismus ein Gegenspieler von Marx. Er konstruiert den Gegensatz von Idealismus und Materialismus auf eine begrifflich nicht sehr scharfe Weise. Während die Idealisten alle geschichtlichen Vorgänge einschließlich der Entwicklung der materiellen Interessen und der verschiedenen Stufen der wirtschaftlichen Einrichtung der Gesellschaft, nach Bakunin, von der Entwicklung der Ideen herleiten, wollen die Anhänger von Marx in der ganzen Menschheitsgeschichte, in den „idealsten Äußerungen des gemeinschaftlichen und persönlichen Lebens der Menschheit", in allen geistigen und sozialen Entwicklungen der Vergangenheit und Gegenwart „nur Reflexe oder notwendige Gegenschläge der Entwicklung der wirtschaftlichen Vorgänge" sehen[2]). Wenn Bakunin den Materialisten auch Recht geben will[3]), so ist er von dem Sinn des Materialismus nach Marx doch weit entfernt. Bakunin interpretiert den Materialismus naturwissenschaftlich, nicht soziologisch und dieser in vagem Sinn naturwissenschaftlich gemeinte „Materialismus" wird gleichzeitig vulgär „moralisch" ausgelegt Der Materialismus nach Bakunin geht „von der tierischen Stufe aus, um die Menschheit zu bilden, während der Idealismus von der Gottheit ausgeht, um die Sklaverei zu errichten und die Massen zu aussichtsloser Vertierung zu verurteilen"[4]). Naturhaftes und Moralisches

[1]) Lenin, „Karl Marx. Eine Einführung in den Marxismus", in: Ausgew. Werke, Bd. 11, S. 9—42; Neuausgabe Berlin 1945; S. 13/14.

[2]) Bakunin, Ges. Werke, Bd. II, Berlin 1923; S. 93.

[3]) a. a. O., S. 94.

[4]) Ges. W., Bd. I, S. 122.

verbinden sich in Bakunins Idee des „Materiellen" — mit beiden Seiten ist es von der marxistischen Auffassung weit entfernt, denn für diese ist der materielle Prozeß ein wesentlich gesellschaftlicher. Marx identifiziert nicht den gesellschaftlichen Prozeß mit dem natürlichen, sondern er spricht von der naturwissenschaftlichen Erkennbarkeit auch des gesellschaftlichen Prozesses. Das bedeutet, daß dieser mit derselben Objektivität und Sachlichkeit untersucht werden kann, mit der die Naturwissenschaft ihrem Objekt entgegentritt. Es heißt weiterhin, daß die erkannten Prozesse dieselbe Notwendigkeit haben, wie sie dem Naturprozeß im großen zugeschrieben wird, unabhängig von allem Wollen und Wünschen des an ihnen beteiligten, wie des sie studierenden Menschen. Damit wird jene Idealisierung unmöglich gemacht, die ein menschliches, nicht mit dem realen Prozeß in Einklang stehendes Wollen über diesen erheben will. Im Unterschied zu allen „ideologischen" Deutungen besteht seine Materialität in dem bestimmenden Einfluß der Entwicklung der technisch-ökonomischen Produktionsverhältnisse. Eine moralische Wertung entfällt dabei prinzipiell. Bakunins naturalistisch-moralischer Standpunkt verfehlt somit vollkommen den Gegenstand, auf den die materialistische Soziologie als theoretische Ausformung des revolutionären Bewußtseins sich bezieht.

Daher bleibt auch die „Dialektik", in der Bakunin „Materialismus" und „Idealismus" auf seine Weise gegeneinander ausspielt, ohne gegenständlichen Sinn. Sie ist lediglich „subjektiv". Es hat allenfalls den Wert einer psychologischen Analyse, wenn Bakunin feststellt, die Idealisten kämen durch Vergöttlichung menschlicher Dinge stets zum Triumph eines „niedrigen Materialismus". Das Göttliche verflüchtige und erhebe sich zu seiner Heimat, dem Himmel. Das „Niedrige" bleibe „allein wirklich auf der Erde"[1]). Diese subjektive Dialektik löst die innere sachliche Gegensätzlichkeit der revolutionären Situation in eine rein gedankliche Antithetik auf. Die geschichtliche Logik der dialektischen Positionen wird zum bloßen Spiel der ideologischen Paradoxien. Das zeigt sich scharf am Problem von Freiheit und Autorität.

Nach Bakunin leugnet der Materialismus den freien Willen, er führt aber zur Freiheit; der Idealismus verkündet den freien Willen „im Namen der Menschenwürde", er begründet aber die Autorität „auf den Ruinen aller Freiheit". Umgekehrt weist der Materialismus das Autoritätsprinzip zurück, „weil er es mit gutem Grund als Zugabe zur tierischen Natur betrachtet" und, weil der Sieg der Menschlichkeit, der in seinen Augen Hauptziel und -bedeutung der Geschichte

[1]) a. a. O., S. 118.

ist, nur durch Freiheit verwirklicht werden kann[1]). Diese Auslegung des Materialismus ist eine lediglich subjektiv-ethische, kein Erkenntnisprinzip, und das Problem der Freiheit, die das wesentliche Merkmal der Persönlichkeit ist, wird nicht minder lediglich im Sinne subjektiver Meinung behandelt. Denn wieso führt der Materialismus zur Freiheit, auf deren Ruinen der Idealismus ihr Gegenteil errichtet? — Wir kommen damit zu dem zweiten Problem, zur Frage der Rolle der Persönlichkeit in der materialistisch verstandenen Geschichte. Nach Bakunin ist für die Wissenschaft die menschliche Individualität einfach „nicht existierend"[2]). Daher kann er sie in Paradoxien beliebig bald als frei, bald als unfrei, je nach der weltanschaulichen Beleuchtung erscheinen lassen. Das ist s u b j e k t i v e S o z i o l o g i e.

Anders der konsequente materialistische Soziologe. Es ist wiederum Plechanow, der dieses naheliegende Problem im Sinne von Marx abschließend durchdacht hat. Seine Lösung ist im Gegensatz zu der paradoxischen von Bakunin eine echt dialektische. Nach der „materialistischen", d. h. nicht subjektivistischen, nicht idealistischen Auffassung waltet in der Geschichte eine Notwendigkeit, die von keiner Persönlichkeit im wesentlichen Charakter ihrer Richtung gewandelt werden kann[3]). Nur individuelle Modifikationen sind möglich. Andererseits kann eine „freie" Persönlichkeit nur so die Schwelle überschreiten, „die die Möglichkeit von der Wirklichkeit trennt", indem sie diese allgemeine Richtung im eigenen Willen zur bestimmenden Macht werden läßt[4]). Die echte Freiheit besteht darin, „mit der Notwendigkeit identisch" zu werden[5]). „Solange die Persönlichkeit d i e s e Freiheit durch eine kühne Bemühung des philosophischen Denkens nicht erobert hat, gehört sie noch nicht ganz sich selbst und zahlt durch ihre eigenen moralischen Qualen einen schmählichen Tribut an die ihr entgegentretende äußere Notwendigkeit", führt Plechanow aus[6]). Die materialistische Denkweise befreit aus dem subjektiven Spannungsverhältnis des „Moralischen" zum Wirklichen und sie setzt eine S e i n s b e z i e h u n g zwischen geschichtlicher Notwendigkeit und Persönlichkeit an die Stelle des w i l l e n s m ä ß i g e n Gegensatzes von gegebener „tierischer Natur" und „Menschlichkeit". Die „freie Tätigkeit" erscheint als „bewußter

---

[1]) a. a. O., S. 122.
[2]) a. a. O., S. 128.
[3]) Plechanow, „Über die Rolle der Persönlichkeit in der Geschichte", Neuausgabe Berlin 1946; S. 50.
[4]) Plechanow, a. a. O., S. 54.
[5]) a. a. O., S. 17.
[6]) a. a. O., S. 17/18.

und freier Ausdruck der Notwendigkeit"[1]). Diese dialektische Formulierung des Standpunktes der „materialistischen" Geschichtsauffassung gehört zum Grundbestand der wissenschaftlichen Soziologie. Auch Lenin erklärt, daß die „Idee der historischen Notwendigkeit" nicht im mindesten „die Rolle der Persönlichkeit in der Geschichte" schmälert. „Die gesamte Geschichte setzt sich eben aus Handlungen von Persönlichkeiten zusammen.... Die wirkliche Frage, die bei der Beurteilung der öffentlichen Tätigkeit einer Persönlichkeit entsteht, lautet: unter welchen Bedingungen ist dieser Tätigkeit ein Erfolg gesichert?"[2]).

Der Gegensatz von „subjektiver" und „wissenschaftlicher" Soziologie, den wir an Hand des Gegensatzes von anarchistisch-romantischem Gesellschaftsdenken (Bakunin) und materialistischer Geschichtsauffassung verdeutlicht haben, wird von Lenin mit eindringlichen Analysen erkenntniskritisch vertieft in seiner Verteidigung des dialektischen Materialismus gegen einen seiner Kritiker (Michailowski)[3]). Dabei steht immer hinter der rein sachlich geführten Polemik, die auf der Marxschen Lehre fußt, ein entschiedener politischer, d. h. bei Lenin stets: ein revolutionärer Wille. Man darf das Verhältnis zwischen wissenschaftlicher Erkenntnis und politischem Wollen aber nicht so primitiv sehen, als ob Lenin zuletzt nur diejenige Anschauung als nicht „subjektiv" und als „wissenschaftlich" gültig anerkennte, die seiner revolutionären Tendenz genügt, und weil sie dies tut. Dann könnte man von einer wissenschaftlichen Haltung seines Denkens überhaupt nicht sprechen. Vielmehr müßte man dann sagen, daß für ihn die vorgeblich wissenschaftliche Soziologie nur eine besonders hochstehende Form der Propaganda wäre. Die wissenschaftliche, d. h. sachlich-gerichtete „objektive" Forschungsweise und Erkenntnishaltung Lenins gelangt in ihrem Ergebnis genau dorthin, wohin der revolutionäre Wille streben muß. Das gerade ist der Sinn und die bewußte Absicht des „Materialismus", die Erkenntnis unabhängig zu machen von allen subjektiven Bedingungen, und wären es die bestgemeinten „revolutionären" Tendenzen. Statt eine persönliche Überzeugung von dem Sinn und der Notwendigkeit der Revolution wissenschaftlich zu begründen, will man in vollkommen objektiver Erkenntnis, die sich vor allem auf die Entwicklung der vom Menschen unabhängigen Vorgänge im Gesellschaftsleben richtet, die Notwendigkeit einer Ablösung der geltenden Gesellschaftsformation durch eine andere er-

---

1) a. a. O., S. 18.

2) Ausgew. W., Moskau 1946, I, S. 109.

3) Ausgew. W., Moskau 1946, I, S. 135 ff. Vgl. E. Frangian, N. K. Michailowski, Berlin 1913 (war dem Verf. nicht verfügbar).

kennen. An dieses sachlich begründete Ergebnis knüpft sich dann allerdings mehr als ein bloßer Erkenntniseffekt: mit ihm verschmilzt das Ziel des revolutionären Willens. Gerade die ganz unpersönliche, „materialistische" Ableitung der Notwendigkeit des revolutionären Umschwungs gibt der Erkenntnis ihren Wert und ihre Kraft, um die politische Überzeugung zu stärken und die Unerbittlichkeit des revolutionären Entschlusses zu rechtfertigen.

Mit dem erkennenden Denken verbindet sich auf diese Weise eng das willensmäßige. Dieses wiederum reicht bis in die Tiefe des emotionalen Ursprungs der persönlichen Innerlichkeit hinab und entspringt in Verbindung mit dem die Fragen der Sinngebung des Daseins berührenden Gesamtzusammenhang der vorbewußten Lebenseinheit der Person. Gerade die absolute Objektivität, die radikale Unabhängigkeit des wissenschaftlichen Forschens von jeder menschlichen Beimengung, die von keiner subjektiven Interpolation gefährdete unbedingte Sachlichkeit des Denkergebnisses wird zum leidenschaftlichen Anliegen des Revolutionärs. Wie der Architekt ein schlechthin vitales und fundamentales Interesse daran hat, daß die naturwissenschaftliche Gesetzlichkeit, deren Kenntnis ihm die Naturwissenschaften übermitteln, auch tatsächlich besteht, daß sie als Gesetz der Wirklichkeit adäquat in der Erkenntnis zum Ausdruck kommt, denn er „baut" ja auf diese Voraussetzung, so muß der Revolutionär, der den Gesellschaftsbau neu errichten will, fähig sein, die Grundlagen und das Strukturgesetz des Gesellschaftsbaues zu erkennen. Diese Erkenntnis muß so unpersönlich, so realistisch wie irgend möglich sein; denn jeder subjektive Einschlag, mag er den innigsten Gefühlsbedürfnissen und dem edelsten Idealismus entspringen, kann einen für das Ganze verhängnisvollen Denkfehler bedeuten. Die „utopischen" Formen des Sozialismus sind ein abschreckendes Beispiel. Das Scheitern aller Versuche, eine bessere Gesellschaft zu errichten, bis zu Owens „New Harmony", kommt immer daher, daß sie auf der Grundlage des guten Willens und der Ideale ihrer Gründer, nicht aber auf den Realgesetzen der ökonomisch-gesellschaftlichen Wirklichkeit aufbauen. Eben darum sind die Baumeister der neuen sozialistischen Gesellschaft darauf gerichtet, jedes subjektive und nur „idealistische" Moment aus ihrem Denken und Planen fernzuhalten Die ganze Leidenschaft ihrer tiefen und bewegten Innerlichkeit erscheint darum unmittelbar nur in gelegentlichen Äußerungen. Sie ist aber unausdrücklich die entscheidende Triebkraft zu einer unbedingten Sachlichkeit, Nüchternheit, ja geradezu Pedanterie; die allein die Gradmesser abgeben für den nicht ermüdenden inneren Schwung, die Begeisterung und die persönlichste Interessiertheit der „materialistischen" Denker. Der

Zuckerbäcker mag von den herrlichen Möglichkeiten seiner Kunst schwärmen, denn sein „Stoff“ vermag jedem Traumgedanken zu dienen. Der Architekt unterliegt im Material seines Werkes unerbittlichen Gesetzen, auch wenn seine Gestaltungsfreiheit im übrigen nach allen denkbaren menschlichen Zwecken unbegrenzt ist. Der Revolutionär und Neugestalter der Gesellschaft hat es mit dem schwer erkennbaren, sich in seinen Motiven allzu gern selbst verhüllenden und verstellenden geschichtlichen Leben zu tun, dem er desto hartnäckiger seine Gesetze abringen muß. Er ist denkend außerdem in seinen Zielen gebunden. Diese kann er nicht nach seinen Wünschen stecken, denn er hat sie aus dem gleichen lebendigen Material heraus Wirklichkeit werden lassen, dessen vorangehende, aus ihm selbst heraus mit Notwendigkeit erwachsene Form er zerstören muß. Seine Absicht hat nur insoweit einen Erfolg zu erwarten, als er *sein neues Bild der Gesellschaft im Einklang mit der inneren Tendenz des geschichtlichen Prozesses so gestaltet, daß diese in ihm ihre nächste zu erreichende Stufe des Werdens richtig gefaßt sieht.* Nur unter dieser Voraussetzung ist sein Kampf gegen die alte, abgelebte Form mehr als „Nihilismus“, „Terrorismus“ usw., und nur so ist sein willensbewegtes Zielstreben mehr als eine private wohlmeinende Abseitigkeit, die der Strom des Geschehens wie ein abgerissenes Blatt mit sich forttreibt und irgendwo am Ufer vermodern läßt. *Diese intime Verbindung der „materialistischen“ Sachlichkeit mit dem inneren Anliegen des leidenschaftlichen Kämpfers für eine Erneuerung der gesamten Menschheit von den gesellschaftlichen Grundlagen und Formen ihres Daseins her macht die materialistische Soziologie auch in ihren scheinbar speziellen Fragen zu einem Ausdruck einer umfassenden Philosophie und gibt ihr zuletzt fast die Funktion und den Anspruch eines Glaubens.*

So sind wissenschaftliche Objektivität, wie revolutionärer Wille in gleichem Maße an der „materialistischen“ Methode interessiert. Es kommt ein weiteres hinzu. Die bürgerliche Welt, deren Ende die proletarische Revolution herbeizuführen hat, ist wesentlich auf persönliche ethische Normen, Ideen und Denkweisen in ihrem Selbstbewußtsein begründet. Will man den Glauben an diese „subjektiven“ Grundlagen, an die ethischen Leitgedanken und an die zum besseren hin gestaltende Kraft des guten Willens vernichten und damit die persönlich-menschliche Möglichkeit der Reform als eine nur subjektive gute Absicht entwerten, dann heißt dies die bürgerliche Gesellschaft in einem ihrer innersten Wesenszüge treffen. Damit wird ihr die moralische Existenzberechtigung, die wesentlich an die reale Möglichkeit einer von ihr in Anspruch genommenen moralischen Begründung der gesellschaftlichen Ordnung geknüpft ist, abgesprochen. Eben dies tut Lenin, überzeugt durch die Erfahrungen, die er in seinem Land und im Ausland von der Unwahrhaftigkeit dieser Moral und von ihrer Unwirklichkeit gegenüber der „materiellen" wirtschaftlichen Realität machen mußte. Außer dem wissenschaftlich-erkenntnismäßigen und dem revolutionär-politischen Motiv steht so hinter Lenins Kampf gegen die „subjektive" Soziologie als vielleicht tiefster Beweggrund ein leidenschaftliches ethisches Pathos. Wesentlich für die Beurteilung von Lenins wissenschaftlicher Haltung bleibt, daß auch dieses Motiv nicht als ein subjektives, „weltanschauliches" die Sachlichkeit der Erkenntnis trübt, sondern sie mit doppeltem Nachdruck fordert. Denn auch aus ihm heraus wird die Überzeugung gestärkt, daß gerade die ganz sachliche, ganz realistische und von allen persönlichen Wunschvorstellungen ungetrübte, insofern also „materialistische" Denkweise die Notwendigkeit der revolutionären Wendung aus dem Wesen der gesellschaftlich-geschichtlichen Prozesse heraus ableiten und erkennbar machen muß.

Lenin legt die Leistung der materialistischen Grundlegung der Soziologie auf dreifache Weise aus. Zunächst beseitigt sie die Selbsttäuschung, von der die subjektive Soziologie ausgeht, „als würden die gesellschaftlichen Verhältnisse von den Menschen bewußt geschaffen"[1]). Der Materialismus v e r t i e f t d i e A n a l y s e „bis zum Ursprung der sozialen Ideen des Menschen selbst". Sein Ergebnis steht im Einklang mit der wissenschaftlichen Psychologie und er liefert ein völlig objektives Kriterium für die Unterscheidung der wichtigen sozialen Erscheinungen von den unwichtigen, indem er die Struktur der Gesellschaft in den „Produktionsverhältnissen" findet. Die subjektive, d. h. die auf die ideologische Seite der gesellschaftlichen Verhältnisse beschränkte Soziologie kann sich nicht über die Singularität des einzelnen Falles erheben, aber die Analyse der materiellen gesellschaftlichen Verhältnisse bietet die Möglichkeit, „die Wiederholung und Regelmäßigkeit festzustellen und die Zustände in den verschiedenen Ländern verallgemeinernd zusammenzufassen zu dem Grundbegriff der G e s e l l s c h a f t s f o r m a t i o n". Erst diese Verallgemeinerung — wir können sagen: die Möglichkeit, gültige Allgemeinbegriffe und Typen gedanklich zu entwickeln — erlaubt es, „von der Beschreibung der sozialen Erschei-

---

1) „Was sind die Volksfreunde", Ausgew. W., Moskau 1946; S. 89.

nungen (und ihrer Beurteilung vom Standpunkt eines Ideals) zu ihrer streng wissenschaftlichen Analyse überzugehen, die beispielsweise dasjenige aussondert, was das eine kapitalistische Land von einem anderen unterscheidet, und das untersucht, was ihnen allen gemeinsam ist"[1]). Endlich bietet das Zurückführen der gesellschaftlichen Wirklichkeit auf die Produktionsverhältnisse eine Grundlage dafür, „die Entwicklung der Gesellschaftsformationen als einen naturgeschichtlichen Prozeß darzustellen".

Die Motive und die besondere Leistung der materialistischen Soziologie im Sinne Lenins sind damit festgelegt. Je mehr der Leser sich in den Zusammenhang der materialistischen Soziologie vertieft, desto deutlicher zeigt sich ein unmittelbarer und ursprünglicher Einklang von Erkenntnisstreben, gegebener und durch die materialistische Soziologie enthüllter gesellschaftlicher Situation und aus dieser entspringendem revolutionären Wollen, so daß in der Tat, wie selbst ein Gegner des Marxismus feststellt, „die russische Auffassung des Marxismus nicht nur dessen tatsächliches Wesen in bisher unerreichter Weise trifft, vielmehr dazu auch noch in nie dagewesener Tiefe über es aufklärt"[2]). Nicht nur in ihrem Gehalt, sondern auch mit ihrer methodischen Haltung als „Materialismus" bedeutet die Soziologie von Marx und Lenin eine unmittelbare Selbsterkenntnis und Selbstauslegung der revolutionären Situation aus den unabhängig vom einzelmenschlichen Willen herangebildeten ökonomisch-gesellschaftlichen und geschichtlichen Grundlagen heraus. Indem man diese ihre eigene geschichtlich-gesellschaftliche Besonderheit berücksichtigt, gewinnt die „materialistische" Soziologie einen typischen Charakter und eine prinzipielle Gültigkeit, wo das sie entwickelnde Denken, die erlebte Situation und die „materiellen" gesellschaftlichen Grundlagen als einander entsprechende gegeben sind.

Daß auch die nicht „subjektive" Soziologie keineswegs eine schlechthin objektive in dem Sinn ist, daß jeder Denkfähige und insbesondere jeder Gelehrte sie ohne weiteres anerkennen könnte, entwickelt Lenin mit drastischen Worten. Wo immer grundsätzliche Fragen angerührt werden, erweist sich der gesellschaftliche Standort des Forschers und Gelehrten als eine wesentliche und fast unüberwindliche Komponente für das Zustandekommen seiner Auffassung: keinem einzigen dieser Professoren, die imstande seien, auf Spezialgebieten die wertvollsten Arbeiten zu liefern, dürfe man auch

---

[1]) a. a. O., S. 90.

[2]) Karl Nötzel, „Die soziale Bewegung in Rußland", Berlin u. Leipzig 1923; S. 222.

nur ein einziges Wort glauben, sobald von der Philosophie die Rede sei, und zwar aus dem gleichen Grunde, aus welchem man keinem einzigen Professor der Nationalökonomie, der imstande sei, auf dem Gebiet spezieller Tatsachenforschung die wertvollsten Arbeiten zu liefern, auch nur ein Wort glauben dürfe, sobald er auf die allgemeine Theorie der Nationalökonomie zu sprechen komme. Denn die letztere sei als Wissenschaft innerhalb der modernen Gesellschaft nicht weniger parteilich als die Erkenntnistheorie[1]).

Es überrascht zunächst, daß auch die Erkenntnistheorie, also die Disziplin der wissenschaftlichen Philosophie, der es vor allem obliegt, über die Wirklichkeitsgeltung der Erkenntnis und über ihren Wahrheitscharakter allgemein verbindlich zu urteilen, selbst ebenfalls „parteilich" sein soll. Ist es nicht ein seltsames Ergebnis der objektiven Wissenschaftsauffassung, daß sie die Objektivität und Allgemeingültigkeit der obersten Instanz aller Wissenschaften, der Erkenntnistheorie, bestreitet? Indessen müssen wir zunächst das Positive herausgreifen, das von dieser radikalen These Lenins verdeckt wird. Lenin leugnet ja nicht die Möglichkeit einer sachlich gültigen Erkenntnis. Er vertritt im Gegenteil sehr entschieden die Möglichkeit der objektiven Erkenntnis und er bekämpft das subjektive Element im Erkennen. So ist es auch nicht die Erkenntnistheorie schlechthin, deren Wert und Geltung er leugnet, sondern er wendet sich folgerichtig nur gegen die subjektivistische Denkweise. Um ihr bis in ihre grundsätzlichsten Voraussetzungen und Thesen nachzugehen, setzt Lenin sich mit der um die Jahrhundertwende im Mittelpunkt der philosophischen Diskussion stehenden Erkenntnistheorie auseinander, und zwar an Hand eines Beispiels, das für damals als besonders charakteristisch gelten kann: Lenin beschäftigt sich in eingehenden Studien mit der Philosophie von Ernst Mach, die auch in Rußland bedeutsame Nachfolge fand.

Das Wesentliche der Erkenntnislehre des Physikers Ernst Mach ist, daß er den Gegenstand des Denkens und Naturkennens nicht als „D i n g" bestimmt sehen will, sondern daß er nur „Empfindungen" und „Empfindungskomplexe" und zwischen diesen „funktionale" Beziehungen als „Wirklichkeit" existieren lassen will. Ebenso löst er die Einheit der P e r s o n auf. Auch diese ist als solche nichts für sich Bestehendes. Zwischen der „wirklichen" und der „empfundenen" Welt besteht nur ein „scheinbarer Gegensatz"[2]). Die „Kör-

1) „Materialismus und Empiriokritizismus", sämtl. Werke, Bd. XIII, S. 350/351.

2) Ernst Mach, „Die Analyse der Empfindungen und das Verhältnis des Physischen zum Psychischen", 6. Aufl., Jena 1911, S. 22.

per" sind nur Gedankensymbole für Elementenkomplexe (Empfindungskomplexe), und das Ich ist nur eine „praktische Einheit für eine vorläufig orientierende Betrachtung"[1]). Die Erkenntnistheorie von Mach interessiert in diesem Zusammenhang im übrigen nicht weiter. Lenin führt ihren Gegensatz zum Materialismus auf die Frage zurück, ob wir „von den Dingen aus zur Empfindung und zum Gedanken" gehen oder „vom Gedanken und von der Empfindung zu den Dingen". Mach entscheidet sich, nach Lenin, für die letztere Auffassung. Damit wird es eine „unbestreitbare Tatsache", daß seine Lehre von den Dingen als Empfindungskomplexen „subjektiver Idealismus" ist[2]). Das wiederum bedeutet, daß Mach in jenes gegnerische Lager gehört, dessen Vertreter durch subjektivistische Abschwächung der Realitätserkenntnis und idealistische Auflockerung der materialistisch zwangsläufigen Entwicklung die Notwendigkeit der Revolution in Frage stellen wollen. Zu dem ökonomisch-politischen Revisionismus, zur Front der „Volkstümler" und „Volksfreunde", der Sozialrevolutionäre und zuletzt der Anarchisten gehört damit schließlich auch der Empiriokritizismus. Es steht für Lenin fest, „daß zwischen der reaktionären Erkenntnistheorie und den krampfhaften reaktionären Anstrengungen in der Soziologie ein untrennbarer Zusammenhang besteht"[3]). Hinter dem subjektiven Idealismus, hinter der Abwendung von der straffen Bindung des erkennenden Geistes an die zwingenden Notwendigkeiten des unabhängig vom Menschen sich vollziehenden „materiellen" Prozesses steht die Gefahr des Zurückgleitens in den Glauben („Fideismus") an Stelle des entschlossenen Vorwärtsschreitens zur revolutionären Tat: „Sobald ihr die uns in der Empfindung gegebene objektive Realität leugnet, habt ihr schon jede Waffe gegen den Fideismus verloren, denn ihr seid bereits zum Agnostizismus bzw. Subjektivismus hinabgeglitten, und mehr braucht er ja gar nicht. Ist die sinnliche Welt eine objektive Realität, dann ist jeder anderen Realität oder Quasi-Realität . . . . das Tor versperrt. Ist die Welt sich bewegende Materie, so kann und muß man sie ohne Ende studieren in den unendlich komplizierten und detaillierten Erscheinungen und Verästelungen dieser Bewegung, der Bewegung dieser Materie, aber außerhalb dieser, außerhalb der physischen, allen bekannten Außenwelt kann gar nichts sein"[4]) (s. Textauswahl, VIII.).

---

1) Lenin, „Materialismus und Empiriokritizismus", S. 23.

2) Lenin, a. a. O.

3) Lenin, a. a. O., S. 342.

4) a. a. O., S. 353.

Während die vorwärtsschreitende Geschichte ihren Beweggrund im technisch-ökonomischen Fortschritt und in der Entwicklung der Produktionsverhältnisse hat, wird die reaktionäre Tendenz im gesellschaftlichen Dasein und in der Politik von dem idealistischen Geist geführt. Lenin gibt dem behaupteten, praktischen Zusammenhang von geistiger und politischer Haltung in Hinsicht auf die Bemühung der sozialdemokratischen „Revisionisten", die sich nach der Jahrhundertwende auf den Neukantianismus wissenschaftstheoretisch stützten, folgende drastische Formulierung: „Auf dem Gebiete der Philosophie lief der Revisionismus hinter der bürgerlichen professoralen ‚Wissenschaft' einher. Die Professoren gingen zurück zu Kant, der Revisionismus trottete hinter den Neukantianern her; die Professoren erneuerten die tausendfach wiederholten pfäffischen Narreteien über den philosophischen Materialismus, — die Revisionisten stammelten . . . . herablassend lächelnd, der Materialismus sei längst widerlegt; die Professoren behandelten Hegel als toten Hund und zuckten verächtlich die Achseln über dessen Dialektik, obwohl sie selbst den Idealismus predigten, nur einen tausendmal primitiveren und platteren, als es der Hegels war, — die Revisionisten krochen ihnen nach in den Sumpf philosophischer Trivialisierung der Wissenschaft, indem sie die schlaue (und revolutionäre) Dialektik durch die simple (und ruhige) Evolution ersetzten; die Professoren absolvierten ihr Pensum ihrem Beamtenhonorar entsprechend, indem sie ihre idealistischen und kritischen Systeme der herrschenden mittelalterlichen Philosophie (d. h. der Theologie) anpaßten, — die Revisionisten näherten sich ihnen, indem sie danach trachteten, die Religion zur Privatsache zu machen, nicht etwa gegenüber dem heutigen Staat, sondern gegenüber der Partei der fortschrittlichen Klasse"[1]). Damit hat die revolutionäre Haltung ihre Position auch in wissenschaftstheoretischer Hinsicht durch ihren Gegensatz gegen Idealismus und Subjektivismus klar herausgearbeitet und der Kampf der materialistischen Soziologie gegen die subjektive Soziologie zeigt seinen letztbestimmenden Beweggrund. Lenins methodische Absicht ist damit abschließend formuliert. Ihr entspricht eine gleichlaufende sachlich-positive Gedankenentwicklung, wenn er die gesellschaftliche Grundform, an der der Sozialismus sich orientiert, die „Kommune", soziologisch erörtert. Lenins Kampf gegen die traditionelle Wirtschafts- und Lebensgestalt der „Landgemeinde" (Artjel, Artel) und seine Deutung der Kommune entwickeln die Grundzüge seiner materialistischen Soziologie.

---

[1]) In: „Karl Marx zum Gedächtnis", 2. Aufl. russisch, S. 111; 1. Aufl. 1908; abgedruckt in Ges. W., Bd. XIII, S. XXI.

2. Landgemeinde und Kommune

Bei einem zur Kultur geschichtlich herangereiften Zustand der Gesellschaft besteht das Gefüge des gesellschaftlichen Daseins in einem spannungsvollen Miteinander und Gegeneinander verschiedener Wesensformen, deren jede im Ganzen notwendig ist. Es gehört nun zu der geschichtlichen Eigentümlichkeit der konkreten Gesellschaftsformen, daß in ihnen einzelne dieser Wesensformen vorwiegen. Die ihnen widersprechenden Grundzüge treten jeweils soweit zurück, daß ihr Vorhandensein und Mitbestehen vergessen werden kann. So entstehen dann geradezu Mangelformen der Gesellschaft als Ausdruck der Überbetonung einzelner Gestaltungsprinzipien. Ein Beispiel einer solchen ist die individualistische Gesellschaft vorwiegend bürgerlicher Prägung. In ihr dominiert die Individualstruktur des Lebens so stark, daß der Mensch als Persönlichkeit nur aus seinen selbstischen Interessen heraus leben will und die Formen des Zusammenseins nur von dem Individualwillen bestimmt zu sein scheinen. Alle Bindungen an eine Gesamtheit und durch diese erscheinen, wenn sie nicht überhaupt als nur mittelbare auf Individualbestrebungen zurückgeführt werden, als unwesentlich. Nur durch eine Verzahnung der Einzelinteressen funktioniert das gesellschaftliche Ganze als solches. Die rein „liberalistische" Gesellschaft unter dem Leitbild einer „kapitalistischen" Erwerbswirtschaft nähert sich einem solchen Zustand. Sie steht immer am Rande der Auflösung und muß sich im einzelnen, wie im ganzen in Formen des erbitterten Lebenskampfes bewegen, sobald der soziale Raum ausgefüllt ist und die materiellen Existenzgrundlagen okkupiert sind. Eine solche Gesellschaft existiert in ständiger Bewegung, Umordnung und Auflösung, damit zugleich auch in einer permanenten Krise. Es fehlt die ursprüngliche Gebundenheit in einer gegebenen, vorherrschend bleibenden und dem Einzelstreben seine Grenzen setzenden Gesamtheit.

Das entgegengesetzte Extrem ist eine Gesellschaftsform, bei der die Gesamtheit ausschließlich dominiert, die Person aber weder im Gruppenleben noch als individuelle Persönlichkeit zur Geltung kommt. Eine solche Gesellschaft muß entweder überhaupt der lebendigen Bewegung ermangeln, sei es, daß sie in einem urtümlichen Zustand, der die Entfaltung zur Person noch nicht kennt, stecken geblieben ist, sei es, daß sie gewaltsam in einen solchen zurückgezwungen wird. Keine gesellschaftliche Gesamtheit („Totalität") ist ein für sich existierendes Wesen, und keine solche Existenzweise des menschlichen Zusammenseins kann anders als durch die Aktivität der menschlichen Person zur Entfaltung, in Bewegung und Leben kommen. Hier liegen wesensmäßige Notwendigkeiten, die eine ausschließlich als Kollektivum existierende Gesellschaft nicht minder zu einer soziologischen Mangelform machen, als dies von der nur individualistischen Gesellschaftsgestalt gilt.

Für die russische Gesellschaft im ausgehenden 19. Jahrhundert ist es kennzeichnend, daß sie durch ein gleichzeitiges Vorherrschen dieser beiden, für sich nicht genügenden Übersteigerungen und zugleich Mangelformen gesellschaftlicher Gestaltung in zwei aufeinander angewiesene, jedoch gänzlich disparate Schichten gespalten wird. Die Oberschicht ist individualistisch bis zu äußerster einseitiger Konsequenz, die Arbeiterklasse und das Bauernproletariat sind kollektivistisch ohne personale und individuelle Struktur. Die Oberen verlieren jede Bindung in einer gesamtgesellschaftlichen Wirklichkeit, die Unteren sind so eingepreßt in die Bindungen ihrer sozialen Existenz, daß sie sich zu einem persönlichen Leben überhaupt nicht entwickeln können.

Die Schwäche beider nebeneinander bestehenden Extreme kritisiert der Philosoph Ssolowjeff von seinem der gegebenen Wirklichkeit überlegenen Standpunkt eines nicht orthodoxen, sondern von der lebendigen und realistischen Geistigkeit der europäischen Tradition mit erfüllten Christentums aus. Sein Standpunkt ist, schon als Folge seiner inneren Verbundenheit mit dem westeuropäischen Christentum, grundsätzlich ein personalistischer. Aber er will auch in der Gesellschaftlichkeit keine nur zufällige Bedingung des persönlichen Lebens sehen, sondern er findet sie „beschlossen in der Bestimmung der Persönlichkeit selber“[1]).

Von diesem Standpunkt aus kämpft er sowohl gegen die einseitige Betonung der „Individualität“, wie der Gesellschaft. Seine Ausführung verdient es, zur Charakteristik der gesellschaftlichen Situation und der inneren Position dieses in seiner Zeit überragenden Geistes zusammenhängend wiedergegeben zu werden: „Auf der einen Seite verkündigen die Fanatiker des Individualismus die Selbstgenügsamkeit der Einzelpersönlichkeit, die aus sich selber alle ihre Beziehungen bestimme, und sie erblicken in den gesellschaftlichen Zusammenhängen und in den Einrichtungen der Gemeinschaft nur eine äußere Grenze und willkürliche Beschränkung, die um jeden Preis beseitigt werden müsse. Von der anderen Seite erheben sich die Fanatiker des Kollektivismus. Sie erblicken im Leben der Gesellschaft nur gesellschaftliche Massen, erklären die Persön-

---

[1]) a. a. O., S. 41.

lichkeit für ein nichtiges und vorübergehendes Element der Gesellschaft, dem keinerlei eigene Rechte zukommen und mit dem man gar nicht zu rechnen brauche, wenn es sich um das sogenannte allgemeine Interesse handelt. Aber was ist denn das für eine Gesellschaft, die aus rechtlosen und unpersönlichen Kreaturen besteht, aus sittlichen Nullen? Wird dieses auf jeden Fall eine menschliche Gesellschaft sein? Worin wird dann ihre Würde bestehen und woher soll man sie nehmen, von woher will man den inneren Wert ihres Daseins ableiten und durch welche Gewalt wird sie sich erhalten? Ist es nicht klar und deutlich, daß dies eine unselige Chimäre darstellt, ebenso unerfüllbar, wie nicht zu wünschen! Und bedeutet denn nicht eine solche Chimäre ein Ideal, das der sich selber genügenden Persönlichkeit widerspricht? Nimmt man der tatsächlichen menschlichen Persönlichkeit alles das, was so oder anders bedingt ist durch ihre Verknüpfungen mit gesellschaftlichen oder kollektiven Zielen, so wird man ein tierisches Wesen erhalten, das nur eine einzige reine Möglichkeit oder leere Form darstellt, das heißt: etwas, was in Wirklichkeit überhaupt nicht vorhanden ist"[1]).

Es entspricht der geistig-gesellschaftlichen Position Ssolowjeffs, daß sein Ausweg aus dem Dilemma der beiden Fanatismen, die theoretisch nichts als Mangelkrankheiten zweier in ihrer Einseitigkeit nicht lebensfähiger Extremformen der Gesellschaft darstellen, in der Hinwendung zu der transzendenten Macht der Kirche besteht. Eine irdisch-diesseitige Lösung des Problems aus den gegebenen Voraussetzungen der gesellschaftlichen Wirklichkeit heraus sieht Ssolowjeff nicht. Anders Alexander Herzen. Auch er beschreibt das Zerfallen der Gesellschaft in jene beiden Extreme des trostlosen Individualismus wie des hoffnungslosen Kollektivismus. Auf der einen Seite sieht er seit Katharina II. bei der Oberschicht die Ideen der Aufklärung siegreich durchdringen, so daß mit der bisher gläubig hingenommenen Tradition die „letzten Bande, welche eine halbwilde Natur fesselten", zerreißen. Der Russe wird unvorbereitet in ein individualistisches Denken hineingestoßen, „mit allen Waffen der Dialektik und Ironie" bewaffnet[2]). Für diese entfesselte Individualität gibt es nur das unselige Schwanken zwischen „Traurigkeit und Orgie, Sklaverei oder Anarchie"[3]). In sich als sinnvoll erlebte Bindungen in einer gemeinsamen gesellschaftlichen Welt der Arbeit erscheinen in Herzens Schilderung nirgends. So überwuchert dann „jenes

---

[1]) a. a. O., S. 40.

[2]) A. Herzen, „Rußlands soziale Zustände", Hamburg 1854; S. 87.

[3]) a. a. O., S. 93.

dämonische Prinzip des Sarkasmus und des Unwillens . . . welches sich fortan durch die ganze russische Literatur hindurch ziehen und herrschender Geist darin werden sollte“[1]). Wir können hinzufügen, daß dieser dämonische Sarkasmus und Unwille auch in den Schriften Lenins allerorts immer wieder aufbricht. Er wird zu einer wirkungsvollen Waffe seiner politischen Argumentation.

Auf der anderen Seite steht die breite Masse des Volkes, dessen Leben durch eine „unglückselige Gleichförmigkeit“ verdeckt ist[2]). Eine Tradition gibt es nicht, weil seine Vergangenheit „leer, arm und dürftig“ ist[3]). Selbst im Rechtsleben gilt keine Anerkennung der Persönlichkeit, da das Individuum immer von den kollektiven Gebilden und Mächten absorbiert worden ist[4]). Vollends die Funktion des Eigentums, in der sich das Persönliche am merklichsten bestätigt sieht, ist ganz unentwickelt. Herzen stellt es geradezu als eine Notwendigkeit fest, „daß in einem Lande, wo der Mensch fast Sache ist, wo er dem Boden angehört, wo er zum Eigentum gerechnet und mit demselben verknüpft wird, daß in einem solchen Lande der Götzendienst des Eigentums am wenigsten entwickelt war. Man verteidigt es hartnäckig bei uns, wie eine Beute, aber nicht wie ein Recht“[5]). Hier liegt eine wesentliche psychologische Vorbedingung für die Möglichkeit des Kommunismus der Massen.

Dieser Wesenszug einer weitreichenden Apersonalität in der gesellschaftlichen Existenz und im gesellschaftlichen Denken, verbunden mit dem Fehlen einer Tradition in der Erfahrung und Würdigung des persönlichen Eigentums sind auch soziologisch entscheidende Gründe dafür, daß es in Rußland keine „Entwicklung“ in eine bessere Sozialform hinein geben kann. Nur ein Durchbruch der, so gesehen, gestaltlosen Masse durch alle herrschenden Ordnungen hindurch ist möglich. Ein Versuch der allmählichen Umbildung durch ein ethisch gerichtetes persönliches Wollen entbehrt in der Masse der nötigen Ansatzpunkte. Die Unbedingtheit des Mangels als das Absolute in der negativen Existenz der Masse, die im Nicht-Person-Sein und Nicht-Eigentum-Haben eine Einheit findet, muß in dem Augenblick, in dem die Herrschenden ihre Macht nicht mehr gewaltsam behaupten können, in einem absoluten, alles mitsichreißenden revolutionären Aufbruch ihren Ausgleich finden. Für

---

1) a. a. O., S. 99.
2) a. a. O., S. 175.
3) a. a. O., S. 205.
4) a. a. O., S. 210.
5) a. a. O., S. 222.

ein eigenes Recht und einen eigenen Wert des persönlichen Eigentums kann ein ausreichender Sinn nicht vorausgesetzt, aber auch sobald nicht entwickelt werden. Seine Grundbedingung wäre eine bewußte Persönlichkeitskultur und ihr sich selbst verpflichtendes Ethos. So kommt es statt dessen zu einem radikalen dialektischen Umschwung in der sozialen und in der Eigentumsordnung.

Das gesellschaftliche Dasein des „Volkes" ist also im Gegensatz zu der romantischen Theorie der „Volksfreunde", prinzipiell betrachtet, als ein wesentlich negatives anzusehen. Von der europäischen Persönlichkeitskultur aus erscheint es als ein lebensunwürdiges, und gesamtgesellschaftlich ist es eine Mangelform. Indessen hat es praktisch nun einmal durch Jahrhunderte hindurch so existiert und besteht weit bis in die neueste Zeit hinein tatsächlich lebendig fort. Wodurch wird das möglich? Das „Volk" hat eine gesellschaftliche Lebensform entwickelt und bewahrt, die jenen negativen Charakter nicht in seiner Kraßheit überall hervortreten läßt. Diese Form, das soziale Dasein und die wirtschaftlichen Aufgaben in einer apersonalen Gesellschaft zu bewältigen, ist die der Landgemeinde. Mit ihrer Existenzfähigkeit in der modernen, d. h. vorwiegend kapitalistischen Umwelt steht und fällt am Ende das ganze traditionelle Gesellschaftsgefüge und an sie knüpfen sich daher auch die Hoffnungen der reformerisch gesonnenen Gesellschaftskritiker. Nur solange das „Volk" in der Landgemeinde wenigstens erträgliche und dauerhafte Lebens- und Existenzbedingungen findet, kann es geduldig weiter die Mühen seines Daseins tragen. Nur soweit diese Form sein Leben in sich bewahrt, nach außen abschließt und schützt, wird es sich damit abfinden, daß die oberen Mächte ein so ganz anderes Dasein wesentlich vom Ertrag seiner Mühe und Arbeit führen.

Was ist diese Landgemeinde? Herzen erklärt sie so: „Das Land gehört der Gemeinde, nicht den einzelnen Gliedern; diese besitzen das unverletzliche Recht, eben soviel Land zu besitzen wie jedes andere Mitglied derselben Gemeinde; dieses Land gehört jedem lebenslänglich; er kann darüber nicht testamentarisch verfügen, und er hat das auch nicht nötig. Sobald sein Sohn das Mannesalter erreicht hat, hat derselbe, selbst bei Lebzeiten seines Vaters, das Recht, von der Gemeinde ein Stück Land zu beanspruchen; dagegen fällt nach dem Tode eines jeden Familienmitgliedes das Land der Gemeinde wieder zu"[1]). Noch Ende des vorigen Jahrhunderts stellt eine wirtschaftsgeschichtliche Studie über diese, auch Artel (Artjél) genannte Form fest, das Leben des russischen Dorfes stehe noch gänz-

[1]) a. a. O. S. 239.

lich unter dem Einfluß des Gemeindeprinzips und alle Unternehmungen der russischen Bauern seien in der Regel gemeinsame[1]). Über den wirtschaftlichen Charakter dieses Artels führt der Nationalökonom Schulze-Gävernitz aus, es sei auf dem Boden des Wandergewerbes entstanden. Wie der Mensch überhaupt als Gruppe in die Geschichte eintrete, so vereinige er sich dort, wo er gezwungen sei, die natürliche Gruppe der Familie zu verlassen, zu neuen künstlichen Gruppen. Gleich seinem Vorbilde, der Familie, trage das Artel einen produktionsgenossenschaftlichen Charakter. Das besagt, es ist ein Zusammenschluß zum Zwecke gemeinsamer Erzeugung von Wirtschaftsgütern. Andererseits sei es eine Vereinigung zum Zwecke der Konsumtion. Es schließt also auch seine Mitglieder als Verbraucher zusammen. So umfaßt es, nach Schulze-Gävernitz, die ganzen Menschen, und es verbindet seine Glieder nach außen in Solidarhaft. Darin, daß das Artel, auch wo es sich in Industrien verwirklicht und vom Boden ablöst, kein Bestehen einer individualistischen Grundlage zuläßt, sieht dieser Autor den hauptsächlichen Unterschied gegenüber den modernen Wirtschaftsgenossenschaften Europas, deren Entwicklung nach der Zukunft hindeute, während die des Artels nach der Vergangenheit zu weise[2]).

Dieses Urteil des deutschen Nationalökonomen ist nicht das allgemeine. Vielmehr scheiden sich schon in Rußland selbst angesichts der Landgemeinde (des Artels) die Geister in zwei Gruppen. Die „Volkstümler“ wollen an ihr festhalten, und der revolutionäre Geist, der zugleich der realistische ist im Gegensatz zu dem romantischen Denken der „Volkstümler“, strebt von ihr weg. Wir finden von zwei bekannten und viel zitierten „Volkstümlern“ in dem angeführten Buch von Schulze-Gävernitz charakteristische Worte wiedergegeben. Der Theoretiker W. W. nennt den Gemeindebesitz ein herrliches Erziehungsmittel zur solidarischen Tätigkeit. „Das Volk selbst hat den weiten Begriff des Artels ausgearbeitet, gleichsam eine besondere Art von Organisation der Arbeit, wie sie bei keinem anderen Volk besteht, bemerkenswert durch tiefes Verständnis der Natur des Menschen, durch Gerechtigkeit, Verständigkeit, Humanität“[3]). Diese moralisierende Betrachtungsweise ist charakteristisch für die reformerische Haltung des „Volkstümlers“. Sie vermeidet es, den harten Realitäten ins Gesicht zu blicken, die der Kapitalismus inzwischen

[1]) Paul Apostol, „Das Artjél. Eine wirtschaftsgeschichtliche Studie“, Stuttgart 1898; S. 9.

[2]) Schulze-Gävernitz, „Volkswirtschaftliche Studien aus Rußland“, Leipzig 1899; S. 5.

[3]) Nach: Schulze-Gävernitz, a. a. O., S. 217.

bereits herausgebildet hat und gegen die die erwähnten Qualitäten der besonderen ethischen Organisationsart des Artels wirkungslos bleiben müssen. Ein anderer Volkstümler meint den Gemeindebesitz sogar bewußt gegen diese moderne Entwicklung ins Feld führen zu können. Er will den Kapitalismus vermeiden und erklärt: „Unsere Vergangenheit hinterließ uns als Erbstück den Gemeindebesitz, welcher unter der Einwirkung des Kapitalismus bei den hierdurch hervorgebrachten Verhältnissen in Güterproduktion und Güterumlauf, bei der Trennung des Gewerbes von der Landwirtschaft heute nicht mehr imstande ist, seinen Mitgliedern die Mittel der Existenz zu sichern. Trotzdem ist der Gemeindebesitz eine der Grundlagen, auf welchen das Gebäude der künftigen Gemeinwirtschaft aufgebaut werden kann. Die wissenschaftliche Landwirtschaft und die moderne Großindustrie müssen wir auf die Gemeinde aufpfropfen und dieselbe zugleich so verändern, daß sie ein geeignetes Werkzeug wird für die Umformung der Großindustrie aus ihrer kapitalistischen in die gesellschaftliche Form"[1]).

Wir haben die Äußerungen von W. W. und Nicolai —on ausführlich und im Wortlaut wiedergegeben, weil der Leser in wesentlichen Schriften Lenins eine ausführliche Polemik gegen die „Volkstümler" findet. Diese Zitate sind auch charakteristische Belege für die von Lenin bekämpfte „subjektive Soziologie", denn sie gehen nicht von einer in der Sache liegenden, eigengesetzlichen und notwendigen Entwicklung aus, der die Erkenntnis und das einzelne Handeln zu folgen hätten, sondern sie unterstellen, daß der menschliche Wille sich gegen die „materielle" Realität durchsetzen könne und diese „nach seinem Bilde" zu formen vermöge. Obgleich der Gemeindebesitz unter den Verhältnissen der modernen kapitalistischen Wirtschaft zugestandenermaßen nicht mehr in der Lage ist, seinen Inhabern die Existenz zu sichern, soll auf ihm das Gebäude der künftigen Gemeinwirtschaft aufgebaut werden können. Auf welche Weise der Gemeindebesitz praktisch „verändert" werden könnte, damit er die ihm „aufgepfropfte" wissenschaftliche Landwirtschaft und moderne Großindustrie tragen könne, ist nicht ersichtlich. Es kennzeichnet die ideologische Haltung der „Volkstümler", daß man die traditionelle Organisation, die das „Volk" sich geschaffen hat, ebensowohl zur Grundlage der reformierten Gesellschaft machen will, wie sie andererseits das Werkzeug der Reform auch der modernen industriellen Realität werden soll, — und außerdem soll sie selbst zu diesem Zweck auch noch verändert werden! Es ist in der Tat nicht wenig, was der menschliche Formungswille sich bei einer

[1]) Nicolai —on, S. 343; nach Schulze-Gävernitz, a. a. O., S. 216.

solchen konservativen Haltung vornimmt und also offenbar auch zutraut.

Radikal anders ist Lenins Grundeinstellung zu diesem Gegenstand. Sein Gegensatz gegen die „Volkstümler" findet in diesem Zusammenhang seine prinzipielle, seiner materialistischen Soziologie entsprechende, inhaltliche Begründung. Schon Lenins erstes großes nationalökonomisches Werk ist dadurch bestimmt, daß es statt eines romantisch-subjektiven Denkens, das, einem idealistischen Gedankenbild der Vergangenheit nachhängend, die Dorfgemeinschaft als die vorzügliche Form des gesellschaftlichen Lebens preist, eine schonungslos nüchterne, sachliche und realistische Denkweise entwickelt. Was dem anschaulich-romantischen Vorstellen als das ästhetisch befriedigende seelenvolle Bild der Dorfgemeinschaft erscheint, das entdeckt Lenin als die bittere vom Kampf der kapitalistischen Klassenbildung tief zerrissene Alltagswirklichkeit. Lenin denkt die bäuerliche Wirtschaftswelt aus dem romantischen Bild in die sachliche Realität um[1]). Schon die alte gutsherrliche Wirtschaft ist in Wirklichkeit klassenmäßige Ausbeutung des Bauern. Der Gutsbesitzer als Fronherr und der mit Anteilland versehene Bauer sind ihre „typischen Klassenfiguren". In der kapitalistischen Wirtschaft entsprechen ihnen der Lohnarbeit verwendende Farmer und der sich verdingende Knecht oder Tagelöhner[2]).

Angesichts dieser Tatsache erscheint es müßig — wie Lenin immer wieder zu beweisen nicht müde wird, — von der Gedankenwelt der „Volkstümler" her eine Erneuerung des gesellschaftlichen Daseins oder gar eine sozialistische Wirtschaft, d. h. eine Wirtschaft, die den Klassengegensatz nicht mehr in sich trägt, erwarten zu wollen. Denn die romantische Ideenwelt der „Volkstümler" überblendet zwar diesen Gegensatz geflissentlich mit ihrer Apologie einer Gemeinschaftsexistenz. In Wahrheit kommt letzterer aber gar kein echter Bestand mehr zu, weil sie innerlich von der modernen Klassengesellschaft zerspalten und im Prinzip veraltet ist. Nur an der Oberfläche des gesellschaftlichen Daseins und in den Wunschträumen der Literaten und der konservativen Politiker existiert sie noch[3]).

---

[1]) Vgl. Ausgew. W., 1932—1939, Bd. I, S. 26 ff.; 29; 36; 40; 51 ff. usw.

[2]) Ausgew. W., 1932—1939, Bd. I, S. 49.

[3]) Es ist eine andere Frage, ob nicht auch bei diesen recht reale Motive wirksam sind, aus denen heraus sie an ihrem Idol festhalten. Für den zaristischen Staat jedenfalls ist die Dorfgemeinschaft mit ihrer Solidarhaftung eine zweckmäßige Form, um — Steuern einzuziehen (Masaryk, a. a. O., S. 31).

Die tiefste Paradoxie dieser Denkweise finden wir aber erst darin, daß sie gerade jene Gesellschaftsgestalt — die Landgemeinde — zum Ansatzpunkt für eine nicht massenhaft-revolutionäre, sondern ethisch-reformerische Erneuerung der Gesellschaft auswählt, in der der Grund dafür liegt, daß dem Volk eine überwiegend unpersönlich-massenmäßige Existenzweise bis in die moderne Zeit hinein aufgezwungen bleiben kann. Eine Reform der Gesellschaft, statt einer Massenrevolution, könnte nur durch einzelverantwortliches persönliches Wirken und Handeln herbeigeführt werden. An einer Entwicklung zu bewußtem, persönlichem Dasein, Denken und Handeln wird aber die „Masse" durch eben jene Gesellschaftsform der apersonalen Gemeinde gehindert, die zum „Werkzeug" der Umformung (Nicolai — on) dienen soll! An dieser Paradoxie scheitert notwendigerweise alle soziologische Romantik. Immer wieder versuchen, in der europäischen Romantik nicht minder als in der russischen, herrschende Schichten der Gesellschaft, deren Bestand durch die fortschreitende moderne wirtschaftlich-gesellschaftliche Entwicklung bedroht ist, durch solche Überblendung der Realität mit historisch-ästhetischen Idolen den Grund für die Unzulänglichkeit der Gegenwart aus dem Blick zu zaubern. Der Kampf gegen die Erkenntnis der Wirklichkeit wird damit für sie zugleich zu einem Kampf um die eigene Existenz.

„Subjektive" und „materialistische" Soziologie, Romantik und Realismus, Wendung nach rückwärts zum Idol der Dorfgemeinde und Wendung zur Zukunft hin, so stehen die Fronten in diesem geistig-gesellschaftlichen Ringen gegen einander. Dabei hat es die „historisch" denkende Romantik zunächst leichter. Auf ihrer Seite steht das überkommene, mehr literarisch-ästhetische Geschichtsdenken. Ihm wiederum hilft die Tatsache, daß die unteren Schichten des „Volkes", für die die realistische Soziologie arbeitet, in der Vergangenheit kaum zum Wort kommen. Weiterhin befaßt sich die Geschichtsschreibung in der Regel aus einer spiritualistischen und personalistischen Grundeinstellung heraus vorwiegend mit den Kulturleistungen und mit dem Wirken einzelner hervorragender Persönlichkeiten. Endlich neigt nicht nur die menschliche Natur dazu, dem unbewußten Ausleseprinzip des Gedächtnisses entsprechend, das Vergangene immer positiv anzusehen. Für das Vorstellen ist es überhaupt nur das Überkommene und Bestehende, das ein faßliches Bild bieten kann und von dessen Realisierbarkeit die Tatsache seiner Existenz auch den erfahrenen Skeptiker überzeugt, während das Künftige immer ungewiß ist. Wenn die materialistische Auffassung eine breite Wirksamkeit entfalten und zu einer realen, die Geister und die Willenskräfte bewegenden Macht werden will, dann muß sie also über ihre wissenschaftlichen und prinzipiellen Erkenntnisse und Forderungen hinaus nach einem *faßlichen, jedoch nicht utopischen und möglichst historisch begründeten Vorbild der kommenden Gesellschaft suchen.* Dieses Bild findet der historische Materialismus in der *Pariser Kommune.* Sie verkörpert als bereits einmal verwirklichte historische gesellschaftliche Gestalt den erstrebten gesellschaftlichen Typus, in ihr sieht der revolutionäre Materialismus das Leitbild der kommenden Gesamtform des politisch-gesellschaftlichen Lebens vor sich. Was bei den „Volksfreunden" die Landgemeinde bedeutet, das stellt für Lenin die Kommune dar. Indessen ist der revolutionäre Materialismus nicht die einzige revolutionäre Tendenz, die sich an der Kommune von Paris orientiert. Der revolutionäre Anarchismus nimmt sie nicht minder für sich in Anspruch. Indem beide den Sinn und das Wesen der Kommune deuten, treffen die politischen Gegensätze der Anarchisten und der revolutionären Theoretiker des Marxismus mit sachlicher Konsequenz aufeinander. In politischer und ideologischer Konkurrenz mit dem marxistischen Denken und der politischen Praxis Lenins bemüht sich Bakunin, die Positionen klar gegeneinander herauszuarbeiten. Es geht dabei um das Problem der Massengestaltung. Dieses tritt in der modernen Soziologie des proletarischen Kampfes um so stärker in den Mittelpunkt, als die individualistisch zersplitterten und im Ganzen der Gesellschaft nicht mehr fest fundierten Oberschichten die Führung verlieren und die breiten Unterschichten, nicht mehr geblendet von den Idolen der transzendent begründeten Autokratie, ihrer selbst als der tragenden und überwiegenden Wirklichkeit bewußt werden. In die traditionelle, primitive Form der solidarischen Dorfgemeinde läßt sich die moderne Massenwirklichkeit nicht mehr zurückpressen: Wie also ist der Weg zu einer Gesellschaftsform zu finden, in der die proletarische Masse sich ihrem Wesen und Anspruch gemäß entfalten kann?

Als „Anhänger der Freiheit um jeden Preis, dieser grundlegenden Bedingung der Menschheit", will Bakunin im Gegensatz zur überkommenen Trennung zwischen Herrschaft („Staat") und Masse die „Gleichheit" begründet sehen „durch die spontane Organisation der Arbeit und des gemeinsamen Eigentums der produzierenden Assoziationen". Diese sollen in Gemeinden frei organisiert und föderiert sein und durch die „ganz ebenso spontane Föderation der Gemeinden" darüber hinaus zusammengeschlossen werden[1]. Dieser Ansatzpunkt Bakunins ist bereits ungemein instruktiv für die Erkenntnis seiner grundsätzlichen Sichtweise gegenüber dem Schicksalsproblem in der Gesellschaft seiner Zeit, dem Gegensatz zwischen individualistischer Herrenschicht und fast ganz apersonaler Masse. Er will die sich immer bedrohlicher entwickelnde Spannung dadurch lösen, daß er das Element der individuellen „Freiheit" als tragende Bedingung der „spontanen", d. h. der ursprünglichen und freischöpferischen Assoziationen in jene bislang ganz unfreie unindividuelle Masse hineinführt. Diese kann aber ihrer ganzen Situation nach doch gar nicht vorgebildet, ja nicht einmal empfänglich und verständnisvoll sein für die Idee der individuellen Freiheit und der „spontanen" Assoziation. Vollends deutlich wird die Paradoxie in der Haltung Bakunins dadurch, daß überdies die durch Freiheit bedingte Form der spontanen Assoziation, — für die die Aufnahmefähigkeit in der Masse überhaupt fehlt —, jene „Gleichheit" begründen soll, die in Wahrheit ihre erste Voraussetzung sein müßte. Nur wenn es erreicht werden könne, daß alle grundsätzlich wirtschaftlich, sozial und damit auch rechtlich als „gleich" gelten, wären freie, d. h. nicht durch eine höhere Schicht oder Klasse geführte und geleitete „Assoziationen" möglich. Die ganze moderne Kultur der freien Persönlichkeit, deren großenteils entartete oder verzweifelte, ja nihilistische Kopie die russische Oberschicht jener Zeit darstellt, ist nach ihrem echten Sinn und Gehalt aber erst die Voraussetzung dafür, daß „spontane Assoziationen", also freie, moderne Genossenschaften möglich werden[2]. Niemals darf man dagegen erwarten, mit solchen frei organisierten Assoziationen praktisch und politisch beginnen zu können, um die Gleichheit zu begründen. Die politischen und wirtschaftlichen Voraussetzungen der Gleichheit, das lehrt die Geschichte, müssen erkämpft werden gegen jene Gruppen, deren besondere Existenz und Herrschaft eben auf der vorausgesetzten Ungleichheit beruht. Gegenüber dieser harten, soziologischen Tatsache erscheinen die Umkehrungen von Ziel und Mittel im Denken Bakunins und seine illusionäre Wahl des Mittels der „freien Organisation" zum Zweck der „Gleichheit", die doch deren Voraussetzung ist, als eine ohnmächtige Täuschung.

---

[1] „Die Commune von Paris und der Staatsbegriff", in: Ges. W., Bd. II, Berlin 1923; S. 269.

[2] Vgl. vom Verf. „Die Genossenschaften" in dieser Reihe.

Von seiner geforderten Grundlage der in den Gemeinden frei organisierten Assoziationen aus will Bakunin die dem Anarchismus verhaßteste Gewalt der „Staaten“ aufheben. An diesem Punkt sieht er die hauptsächliche Differenz begründet zwischen den „revolutionären Sozialisten oder Kollektivisten“ und den „autoritären Kommunisten“, wie er die Marxisten nennt. Letztere sind nach seiner Meinung Anhänger der „absoluten Initiative des Staates“. Das Ziel beider Richtungen sei dasselbe, führt er aus. Beide Parteien wollten in gleicher Weise die Schaffung einer neuen sozialen Ordnung, die, einzig auf der Organisation der gemeinsamen Arbeit begründet, jedem und allen durch die Macht der Tatsachen selbst unter für alle gleichen ökonomischen Bedingungen auferlegt und auf der gemeinsamen Besitznahme der Arbeitswerkzeuge begründet sei. Nur bildeten sich die Kommunisten ein, dieses Ziel erreichen zu können durch die Entwicklung und Organisation der politischen Macht der arbeitenden Klassen und besonders des städtischen Proletariats mit Hilfe des bürgerlichen Radikalismus, während die revolutionären Sozialisten im Gegenteil dächten, durch die Entwicklung und Organisation der antipolitischen Macht der städtischen und ländlichen Arbeitermassen zum Erfolg zu kommen. Wir sehen dabei eine neue Paradoxie auf dem Grunde der prinzipiellen Einstellung Bakunins aufbrechen: die „antipolitische“ Macht der Arbeitermassen soll ohne politische Mittel eine so eminent politische Leistung wie die Aufhebung des Staates vollbringen — ohne Rücksicht darauf, ob und wie die Existenz dieses Staats in der gesellschaftlichen Realität begründet, gruppenmäßig getragen und vielleicht notwendig ist. Es ist eine Paradoxie aus mangelndem Realismus. Sie markiert genau den Punkt, an dem Lenins revolutionäres Bewußtsein zu einer grundsätzlich anderen Auffassung kommen muß. Wir wollen dem Leser die instruktive Gegenüberstellung, die Bakunin selbst von den beiden sich ergebenden verschiedenen Methoden weiterentwickelt, umso weniger vorenthalten, als Lenin seine Lehre von der Erneuerung der Gesellschaft in umfassender Weise gerade in der Auseinandersetzung mit einem dem Denken Bakunins verwandten Standpunkt darstellt. Bakunin vermerkt folgende Tendenzen: „Die revolutionären Sozialisten organisieren sich im Hinblick auf die Zerstörung oder, wenn man ein höflicheres Wort wünscht, die Liquidation der Staaten. Die Kommunisten sind Anhänger des Prinzips und der Praxis der Autorität, die revolutionären Sozialisten haben nur in die Freiheit Vertrauen. Beide sind in gleicher Weise Anhänger der Wissenschaft, welche den Aberglauben töten und den Glauben ersetzen soll; die ersteren wollen sie aufzwingen, die letzteren werden sich bemühen, sie zu propagieren, damit die Gruppen überzeugter

Menschen sich spontan und frei organisieren und föderieren, von unten nach oben, durch ihre Eigenbewegung und ihren wirklichen Interessen entsprechend, nie aber nach einem vorher entworfenen Plan, der den unwissenden Massen durch einige höhere Intelligenzen aufgezwungen wird"[1]). Eben dies ist die romantische Verkehrung: die Massen sind unwissend, aber nur ihre Eigenbewegung soll sie befreien, ein von „höheren Intelligenzen" entworfener „Plan" gilt dagegen bereits als Zwang und ist zu vermeiden. Ein Grundgegensatz gesellschaftlich-politischer Denkweisen und zugleich ein prinzipiell entgegengesetztes soziologisches Denken entwickeln sich an diesem Problem.

Wir können zur Erläuterung auch auf jenen bereits dargelegten Gegensatz des „Idealismus" und des „Materialismus" zurückgreifen. Bakunin hat eine „idealistische" Auffassung der Gesellschaft, freilich in einem sehr subjektiven Sinn. Er glaubt, durch Einführung der „Freiheit" und der „Spontaneität" in das Organisationswesen der Massen den sozialen Zwiespalt überwinden zu können. Die Massen sind aber wesensmäßig für diese Voraussetzungen überhaupt nicht kapabel, solange sie unter dem Druck ihrer vollkommen abhängigen, apersonalen Existenz stehen. Von dieser als der zwingenden letzten und geradezu „untersten" Realität in der Gesellschaft geht nun der „Materialist" aus. Sie will er in Bewegung bringen, und zwar in jenen kompakten geschlossenen Gruppen, in jenen kollektiven Zusammenfassungen, für die die Masse ihrer tatsächlichen unpersönlichen Struktur und Haltung, ihrer Bewegungsform und Geistigkeit nach zubereitet ist. Dazu aber braucht es Plan und intelligente Führung. Hierin zeigt sich wieder der prinzipielle Gegensatz in der soziologischen Mentalität und politisch-gesellschaftlichen Methode Lenins gegenüber dem Anarchismus und allen ihm verwandten idealistischen, optimistischen, kompromißlerischen und reformerischen Theorien der Umwandlung der Gesellschaft: er denkt pessimistisch über die Möglichkeiten, als einzelne Person einen besseren Zustand herbeizuführen. Wo immer es sich im Leben der Gesellschaft um die Frage handelt, wie eine unter dem Druck der Abhängigkeit nicht zu menschenwürdiger, persönlicher Existenz gedeihende abhängige Person oder niedere Schicht, Gruppe oder Klasse zu voller gesellschaftlicher Existenz und Würde gebracht werden kann, taucht die gleiche Alternative zwischen individuellem und kollektivem Handeln auf. Sie zu erkennen lehrt besonders die Kontroverse zwischen dem Anarchismus und dem Kommunismus. Daher bedeutet sie einen bleibenden Gewinn an sozio-

[1]) a. a. O. S. 269/270.

logischer Erkenntnis, den die alltägliche politische und gesellschaftliche Erfahrung immer wieder mit Früchten des Verstehens lohnt.

Bakunin variiert noch seine grundsätzlichen Thesen, indem er hinzufügt, die „revolutionären Sozialisten" — diese sind nicht zu verwechseln mit den in Schriften Lenins wiederholt genannten „Sozialrevolutionären" — dächten, „daß viel mehr praktische Vernunft und Geist in den instinktiven Aspirationen und den wirklichen Bedürfnissen der Volksmassen liegen. als in der tiefen Intelligenz all dieser Ärzte und Vormünder der Menschheit, die die Prätention erheben, den vielen verfehlten Versuchen, die Menschheit zu beglücken, noch ihre Bemühungen hinzuzufügen"[1]). Dies ist nun wieder für den Ursprung der anarchistischen Soziologie ungemein charakteristisch. Bakunin ist selbst einer der intellektuellen „Vormünder" der Menschheit, wo er für Aufhebung der Vormundschaft plädiert. Konsequenterweise müßte er die „Befreiung" den „instinktiven Aspirationen der Volksmassen" überlassen. Aber auch der Geist muß irgendwo eine wirkliche Macht werden wollen. Das spürt Bakunin. Da er als realistischer, erkennender Geist nicht wirken kann (und nicht darf), erscheint er in der romantischen Ideologie wieder, und zwar ausgerechnet dort, wo die entscheidende Vorbedingung für einen wirklichen Geist, die ausgebildete persönliche Existenz, nicht besteht, sondern geradezu verneint ist: in den „instinktiven Aspirationen" und „wirklichen Bedürfnissen" der „Volksmassen". Wieder einmal ist der Standpunkt Bakunins typisch für alle romantische Soziologie. Er vermittelt einen instruktiven Einblick in das gesellschaftliche Bewußtsein einer zwischen zwei Epochen zerrissenen Persönlichkeit. Bakunin spürt die Notwendigkeit einer neuen, gleichsam tieferen Begründung des Gesellschaftsbaues und er fühlt eine Revolution herannahen. Er kann aber nicht entschlossen den eigenen Standort innerhalb der neu heranwachsenden Wirklichkeit und auf dem Boden jener „Masse" suchen, deren berechtigten Anspruch auf Geltung und Entfaltung er anerkennt. Nur durch eine romantische Verklärung ihres Wesens vermag er sein Gewissen zu beschwichtigen, und indem er ihr alle die Qualitäten andichtet, die zu entwickeln sie durch ihre Situation gerade verhindert ist, versucht er, seine Position zwischen den Zeiten zu halten. Jene soziologische Idee, in der sein eigenes, positives Moment liegt, die der „Freiheit", entartet dabei angesichts der gegebenen und von ihm nicht gewandelten Situation zwangsläufig zu einer unwirklichen und auch wirklichkeitsunfähigen bloßen „Ideologie".

---

[1]) Bakunin, Ges. Werke, Bd. II, Berlin 1923; S. 270.

Nichts als ein leeres Idol angesichts des Wesens der Gesellschaft und der Erfahrungen der Geschichte ist es weiterhin, wenn Bakunin fortfährt, die revolutionären Sozialisten dächten, die Menschheit habe sich lange genug, zu lange regieren lassen und die „Quelle ihres Unglücks" läge nicht in dieser oder jener Regierungsform, „sondern im Prinzip und der Tatsache einer jeden Regierung selbst". Hier tritt der westeuropäisch-bürgerliche Freiheitsgedanke, statt die realen Vorbedingungen seiner Verwirklichung zu untersuchen, die Reise in das Reich Utopia an. Damit wird die Argumentation fruchtlos für die wissenschaftliche Soziologie. Wir vermerken nur noch das abschließende Wort Bakunins, mit dem er es für seinen „revolutionären Sozialismus" in Anspruch nimmt, „eine erste schlagende und praktische Kundgebung in der Commune von Paris" versucht zu haben[1]). Denn den Geist der gleichen Kommune nimmt auch Lenin für seinen, von Bakunin so bitter befehdeten, ganz anders gesonnenen Kommunismus zum Vorbild.

Was war die „Kommune von Paris"? Lenin knüpft in seiner umfassend durchdachten und weit ausgeführten Analyse des Wesens der Kommune an die historische, soziologische und politische Interpretation an, die Marx ihr gewidmet hat[2]). Das theoretische Problem der Kommune entspringt mit der grundsätzlichen Frage: wie kann und muß die proletarische Revolution sich zum „Staat" stellen? Das bedeutet, daß die Deutung und Bewertung der „Kommune" eine zentrale Angelegenheit ist, denn „die Grundfrage jeder Revolution ist die Frage der Macht im Staate"[3]). Das klingt anders als die bloße Ablehnung des Staates im Namen der „spontanen" Organisation bei Bakunin. Der Marxismus denkt gesamtgesellschaftlich und konkret. Er begnügt sich nicht mit einer impulsiven Abwehr gegen den Staat schlechthin, nur weil der bisherige Staat zu verurteilen und zu bekämpfen sei. „Der Marxismus unterscheidet sich dadurch vom Anarchismus, daß er die Notwendigkeit des Staates und der Staatsgewalt in einer revolutionären Periode im allgemeinen und in der Epoche des Übergangs vom Kapitalismus zum Sozialismus im besonderen anerkennt", konstatiert Lenin[4]). Das Wesen der Pariser Kommune besteht darin, der besondere

---

[1]) a. a. O. S. 270.

[2]) Wir legen die vorzügliche Zusammenstellung wesentlicher Texte von Lenin, Marx u. a. im folgenden zugrunde, die von dem Verlag Neuer Weg, Berlin 1946, über die Kommune von Paris neu herausgegeben worden ist. Die einschlägigen Stellen Lenins entstammen seinem Werk „Staat und Revolution".

[3]) Lenin „Über die Pariser Kommune" Ausg. 1946, S. 35.

[4]) a. a. O., S. 39.

Staatstypus des Übergangs zu sein[1]), nicht aber an die Stelle des Staates schlechthin zu treten, wie dies die Anarchisten verlangen.

Die Erneuerung der gesellschaftlichen Grundlage und Existenzweise, die Revolution also, muß den neuen Staatstypus schaffen. In einer — der einzigen! — Korrektur ihres „kommunistischen Manifestes" stellen bereits Marx und Engels fest, daß sie bei der Kommune den Beweis dafür geführt finden, daß „die Arbeiterklasse nicht die fertige Staatsmaschine einfach in Besitz nehmen und sie für ihre eigenen Zwecke in Bewegung setzen kann"[2]). In der von Marx verkündeten Notwendigkeit, „die bürokratisch-militärische Maschinerie zu zerbrechen", findet Lenin die Hauptlehre des Marxismus von den Aufgaben des Proletariats in der „Revolution gegenüber dem Staat enthalten"[3]). Die Form des Übergangs ist die Kommune; und erst am Ende der weiteren Entwicklung des im Sinn der Kommune gewandelten konkreten Staates erscheint dann die Abschaffung des Staates als Ziel. Sie tritt aber nicht abrupt, apodiktisch und in einem einmaligen Vorgang in Erscheinung, wie dies der Anarchismus sich denkt, sondern im Verlauf einer gesellschaftlichen Wandlung und in r e l a t i v e r Weise: „je größeren Anteil das gesamte Volk an der Ausübung der Funktionen der Staatsmacht hat, um so weniger bedarf es dieser Macht"[4]). Also: kein plötzliches Abschaffen des Staates schlechthin, sondern ein Überflüssigwerden seiner Funktionen in dem Maß, in dem das Volk an der Ausübung der Herrschaft Anteil nimmt.

Einen Bruch vollzieht die Revolution lediglich in der Zerstörung der überkommenen Herrschaftsform als eines grundsätzlich zu bekämpfenden Typus von Staat: des Klassenstaates, in dem eine Minderheit von Gutsbesitzern und Kapitalisten mit seiner Hilfe die Mehrheit, d. h. die Arbeiter und kleinen Bauern als das eigentliche „Volk" unterdrückt[5]). Diesem Staatstypus gegenüber gibt es nur den entschlossenen Kampf, den Bürgerkrieg. An die Stelle der Herrschaft einer Minderheit — der bourgeoisen Klassen — über die Mehrheit hat die Herrschaft der Mehrheit — des Volkes — über die Minderheit zu treten. Das ist, nach Lenin, der einmal zu vollziehende revolutionäre Akt, nicht aber, wie dies zuweilen behauptet werde, die „sofortige Einführung des Sozialismus"[6]). Das Ergebnis dieses prinzipiellen Umsturzes im Staatswesen, die neue konkrete

---

[1]) a. a. O., S. 36.
[2]) a. a. O., S. 50.
[3]) a. a. O., S. 51.
[4]) a. a. O., S. 55.
[5]) a. a. O., S. 5 u. ö.
[6]) a. a. O., S. 39, S. 46 f.

Form, der neue Staatstypus ist die „Diktatur des Proletariats“, eben als die Herrschaft der Mehrheit über die Minderheit.

Wenn Lenin (1917) erklärt, der Staat „im eigentlichen Sinn des Wortes“ sei „die Ausübung der Gewalt über die Masse durch Formationen bewaffneter Menschen, die vom Volke getrennt sind“[1]), dann ist diese Trennung der die Herrschaft repräsentierenden und von den oberen Mächten gelenkten Formationen, von dem Volk das Schlechte an allen Formen des überkommenen Staates. Es wird nicht allein an der autokratischen Staatsform, sondern auch an der Demokratie bekämpft. Weil diese ebenfalls auf einer Herrschaft der Minderheit (der Bourgeoisie) beruht, wird sie nicht minder abgelehnt als die autokratische Staatsform des Zarismus, denn: „Alle bürgerlichen und bürgerlich-demokratischen Republiken der Welt haben bei sich eben eine solche Polizei eingeführt, eine besondere Organisation vom Volke getrennter, ihm entgegengestellter bewaffneter Menschen, die so oder anders der Bourgeoisie untergeordnet sind, oder haben sie nach ganz kurzen revolutionären Perioden wieder hergestellt“, verzeichnet Lenin im Jahr 1917 in einer zuerst 1924 veröffentlichten Untersuchung[2]). Dieses Argument richtet sich aber gegen den bürgerlichen Staat, nicht gegen den Staat an sich, der in seiner besonderen Form als proletarische Diktatur jedenfalls diesen Mangel schon nicht mehr zeigen soll.

Denn darin bestehen die hauptsächlichen Wesensmerkmale der nach demselben Typus wie die Pariser Kommune gebildeten neuen „Staatsmacht“, der „revolutionären Diktatur“: 1. Quelle der Macht ist nicht das vorher vom Parlament beratene und in Kraft gesetzte Gesetz, sondern die direkte von unten kommende Initiative der Volksmassen im Lande, die direkte Machtergreifung . . .; 2. die „Ersetzung von Polizei und Armee als vom Volke getrennte und dem Volke entgegengesetzte Einrichtungen, durch die direkte Bewaffnung des gesamten Volkes . . .; 3. ebenso wird die Beamtenschaft, die Bürokratie, entweder durch die unmittelbare Herrschaft des Volkes selbst ersetzt oder zumindest unter besondere Kontrolle gestellt“[3]).

So das Grundsätzliche der Kommune. Ihre erste historische Verwirklichung sieht, nach einer von Lenin zitierten Stelle aus Marx, so aus: „Die Kommune bildete sich aus den durch allgemeines Stimmrecht in den verschiedenen Bezirken von Paris gewählten

[1]) Ges. W. Bd. XX, S. 179.
[2]) Vgl. „Über die Pariser Kommune“, S. 25.
[3]) a. a. O. S. 36.

Stadträten. Sie waren verantwortlich und jederzeit absetzbar. Ihre Mehrheit bestand selbstredend aus Arbeitern oder anerkannten Vertretern der Arbeiterklassen. . . . Die Polizei, bisher das Werkzeug der Staatsregierung, wurde sofort aller ihrer politischen Eigenschaften entkleidet und in das verantwortliche und jederzeit absetzbare Werkzeug der Kommune verwandelt. Ebenso die Beamten aller anderen Verwaltungszweige. Von den Mitgliedern der Kommune an abwärts mußte der öffentliche Dienst für Arbeiterlohn besorgt werden. Die erworbenen Anrechte und die Repräsentationsgelder der hohen Staatswürdenträger verschwanden mit diesen Würdenträgern selbst. . . . Das stehende Heer und die Polizei, die Werkzeuge der materiellen Macht der alten Regierung einmal beseitigt, ging die Kommune sofort darauf aus, das geistliche Unterdrückungswerkzeug, die Pfaffenmacht, zu brechen. . . . Die richterlichen Beamten verloren jene scheinbare Unabhängigkeit . . . . sie sollten fernerhin gewählt, verantwortlich und absetzbar sein"[1]).

Es ist wesentlich, daß dieses geschichtlich vorliegende Beispiel das Modell abgibt für die Grundform jener Gesellschaft, in der das revolutionäre Bewußtsein sein Leitbild erblickt und zu der die revolutionäre Aktion hinstrebt. Dieses Ziel ist also nicht das Ergebnis einer Idealbildung oder einer moralischen Reflexion. Es wird auch nicht nur gedanklich und abstrakt aus theoretisch erfaßten Gesetzmäßigkeiten abgeleitet. Obwohl die Kommune „spontan" entstand[2]), ist das sie zum Vorbild nehmende revolutionäre Denken weiterhin nicht nur ein Ausdruck jenes emotional bestimmten Denkens, in dem der Freiheitswille der Individualität gegen jede feste Ordnung revoltiert. Noch endlich ist sie eine Art Resultierende aus dem Miteinander und Gegeneinander im politischen „Spiel der Kräfte", auf dem die bürgerliche Demokratie beruht. Es ist von wesentlicher Bedeutung, daß die Kommune einmal Wirklichkeit geworden ist, begeistert begrüßt von den Begründern der materialistischen Geschichtsauffassung. In diesem geschichtlichen Beispiel hat sich das „Volk" als einziger Träger und Gestalter der Gesellschaft zum ersten Mal herausgestellt. Es hat in realistischer Weise die Gesellschaft in den für ihre Gesamtform entscheidenden Funktionen umgestaltet und so das radikale Gegenprinzip gegen die von keiner anderen Revolution sonst vollkommen beseitigten Reste der Selbstherrschaft verwirklicht, die den überkommenen Staat immer wieder

---

1) a. a. O. S. 54.

2) a. a. O. S. 5.

zu einer Form der Herrschaft einer Minderheit über die Mehrheit werden läßt. „Einfach und sachlich, führte das Proletariat .... die Demokratisierung der Gesellschaftsordnung durch: es beseitigte die Bürokratie und führte die Wählbarkeit der Beamten durch das Volk ein"[1]. Wenn schon Marx festgestellt hatte, „der gerade Gegensatz des Kaisertums war die Kommune"[2], dann hat eine solche prinzipielle Gegensätzlichkeit für Lenin, der die zaristische Autokratie von ihren Wurzeln her und bis in alle ihre Auszweigungen hinein vernichten will, eine noch entscheidendere Bedeutung. Erst die Kommune als Werk ausschließlich der bisher in allen anderen, auch den bürgerlich-demokratischen Staatsformen immer wieder abhängig werdenden Masse stellt das vollkommene soziologische Gegenprinzip alles dessen, was am Staat bisher abzulehnen ist, rein und wirklich dar. In ihr vollzieht sich mit einer von der materialistischen Dialektik aus dem Denken Hegels übernommenen und abgewandelten Formel der Umschlag der Quantität in die Qualität. Denn indem die Mehrheit über die Minderheit — die Masse des Volkes über die bisher herrschende Schicht — die Herrschaft antritt, wird eine prinzipiell neue Gesellschaftsformation begründet[3]. Das ist die entscheidende Bedeutung der Kommune und darauf beruht ihr beispielgebender Wert auch für jene Revolution, die Lenin erstrebt. Darin liegt zugleich der sachliche Grund dafür, daß Lenin die bis dahin als „Sozialdemokratie" bezeichnete Partei, deren Führer „in der ganzen Welt den Sozialismus verraten haben", — denn sie haben sich im ersten Weltkrieg mit der bürgerlichen Demokratie als einer Form der Herrschaft über die Massen verbündet! — nunmehr (1917) „Kommunistische Partei" benennt[4].

Die Form, in der die Kommune in Rußland revolutionär verwirklicht wird, sind die „Sowjets", die freigewählten Vertretungen der Arbeiter und Bauern, des „Volkes" also. Worin ist die grundsätzliche Bedeutung dieser Form des Aufbaus einer politischen Ordnung zu sehen? Wir stellen diese Frage nur in einem allgemein soziologischen Sinn, d. h. wir haben nicht die staatstheoretische Bestimmung dieses Begriffs oder seine politische Bedeutung zu prüfen. Insbesondere entfällt in diesem Zusammenhang eine Diskussion darüber, ob die Herrschaft der Sowjets nach den Begriffen der „bürgerlichen" oder „westlichen" Demokratie als demokratisch

[1]) a. a. O., S. 11.
[2]) Lenin, a. a. O., S. 54.
[3]) a. a. O., S. 54.
[4]) a. a. O., S. 33; vgl. auch Ges. W., Bd. XVIII, S. 93.

anzusehen ist oder nicht. Für den Kommunismus, wie ihn Lenin auf der Grundlage der materialistischen Soziologie entwickelt, ist die bürgerliche Demokratie nicht, wie der Name besagt, eine „Volksherrschaft", sondern eine letzte Form der Herrschaft einer Minderheit über die Mehrheit, trotz des formellen gleichen Wahlrechts. Denn dieser formellen Gleichheit der individuellen Rechte entspricht keine materielle Gleichheit der sozialen und ökonomischen Position. Diese materiellen Voraussetzungen der Demokratie erst zu schaffen, indem die Mehrheit von der Herrschaft der Minderheit befreit wird, ist die erste Aufgabe der von Lenin erstrebten Revolution. Die bürokratisch-militaristische Staatsmaschinerie soll zerschlagen werden: „das verlangt das wirkliche Interesse des Volkes, seiner Mehrheit, der Arbeiter und der Mehrzahl der Bauern, das ist die Vorbedingung für ein freies Bündnis der armen Bauern mit den Proletariern, und ohne dieses Bündnis ist die Demokratie nicht von Dauer und die sozialistische Umgestaltung unmöglich"[1]. Die Sowjets sind „die einzig mögliche Form der revolutionären Regierung"[2]. Sie schaffen die Form, in der das „wirkliche Interesse des Volkes" zur Geltung kommt. Die Sowjets bringen „die Selbständigkeit der Masse des Volkes schneller und besser zur Entfaltung als die parlamentarische Republik"[3]. Damit erscheinen die Sowjets, die freigewählten Vertretungen der Arbeiter und Bauern, nach ihrer soziologischen Funktion als die grundsätzliche und grundlegende Lösung des Problems, dessen Entwicklung dieser Abschnitt verfolgt. Sie begründen die Gesellschaft auf dem Willen der Mehrheit und widerstreben ihrem Wesen nach jeder Möglichkeit einer Autokratie.

In ihrer Würdigung der Kommune als des Modells der künftigen Gesellschaft und als des Vorbildes der Sowjetordnung vollendet sich die Soziologie Lenins als eine „konkret" denkende, materialistische, geschichtliche und dialektische Deutung und Erkenntnis der Gesellschaft. Das soziologische Denken Lenins entwickelt seine Probleme aus der unmittelbar erlebten Gegenwart. Es bezieht diese auf das Leitbild eines anderen Zustandes, in dem die Quelle aller Ungerechtigkeit, die Klassenherrschaft der Minderheit, nicht mehr besteht. So bleibt die Soziologie keine nur neutrale Instanz in der Art der „allgemeinen" oder „formalen" Soziologie, sondern sie wird „konkret". Sie entspringt aus der gesellschaftlichen Problematik ihrer geschichtlichen Stunde angesichts der sich vorbereitenden und ent-

---

[1]) a. a. O. S. 52/53.

[2]) a. a. O. S. 32.

[3]) a. a. O. S. 48.

wickelnden Revolution. Sie erfaßt und formuliert ihre Fragestellung als eine realistische und deutet sie als in der gesellschaftlich-ökonomischen Grundlage des Daseins gegebene. Alle einzelnen gesellschaftlichen Erscheinungen zeigen eine positive oder negative Bedeutung in dem Maß, in dem sie einer revolutionären Lösung der konkret vorliegenden gesellschaftlichen Probleme förderlich sind, oder nicht.

Das Gesamtbild der Gesellschaft erscheint in seinem gegenwärtig negativen Charakter als Klassenherrschaft einer Minderheit über die Mehrheit. Es wird erkennbar und faßlich vor dem Hintergrund des positiven Modells der Kommune, deren entschiedener Vorzug darin besteht, daß sie die Voraussetzungen der Herrschaft der Minderheit über die Mehrheit beseitigt. Die Tatsache, daß die reale Möglichkeit einer solchen positiv bewerteten Gesellschaftsform mit ihrem einmal — wenn auch nur vorübergehend — geschaffenen geschichtlichen Bestand erwiesen ist, rechtfertigt erst abschließend die Kritik an der bisherigen Gesellschaft von seiten der materialistischen Soziologie. Denn eine nur von „Normen" oder „Idealen" ausgehende Kritik wäre sinnlos für eine Soziologie, deren hauptsächliches Anliegen darin besteht, alles Illusionäre und Ideologische zugunsten einer rein an den ökonomischen und ökonomisch-technischen Grundlagen des gesellschaftlichen Daseins orientierten und insofern eben materialistischen Methode auszuschließen und fernzuhalten.

Dadurch weiterhin, daß die geschichtlich „fortgeschrittenste" Klasse in dem Augenblick, in dem sie zum ersten Mal frei und aus eigener Macht die Gesellschaft gestaltend auftritt, die Kommune verwirklicht, wird diese als das immanente Ziel der historischen Entwicklung legitimiert. Als solches gibt sie auch ein Richtmaß der wissenschaftlich-historischen Urteilsbildung ab. Denn sie zeigt einen Endpunkt der Entwicklung gleichsam am Beispiel eines historischen Vorgriffs auf, von dem her eine Auswahl aus der unabsehbaren Fülle der Erscheinungen getroffen und die Bedeutung der einzelnen gesellschaftlichen Phänomene bestimmt werden kann.

Endlich bedeutet die Kommune einen Umschlag der Quantität in die Qualität, indem in ihr die rein quantitative Veränderung des Machtverhältnisses eine qualitativ neue Gesellschaftsform dadurch herbeiführt, daß mit ihr die Herrschaft der Mehrheit über die Minderheit an die Stelle des quantitativ umgekehrten Verhältnisses tritt. Als die Verneinung der in sich negativ gewordenen kapitalistisch-bürgerlichen Gesellschaft begründet die Kommune einen neuen positiven Zustand. Damit nimmt sie auch einen besonderen Platz im dialektischen Prozeß ein: sie prägt die Grundzüge jener gesellschaftlichen Gestalt aus, die als die künftige Stufe des dialektischen Geschichtsprozesses sich realisieren muß.

3. Materialistische Soziologie und politischer Massenkampf

Wir haben das soziologische Denken Lenins nach seiner grundsätzlichen Haltung als Materialismus erklärt, und wir haben in einer knappen Skizze seinen zentralen Gedanken der von ihm erstrebten neuen Gesellschaftsform, der Kommune, dargestellt. Zu den damit behandelten Problemen der Methode des soziologischen Denkens und seines Ziels, das mit der zu erreichenden neuen Stufe der gesellschaftlichen Entwicklung wesenseins ist, tritt abschließend die Frage nach seiner Verwirklichung. Auch diese wird von Lenin in einer ständigen wissenschaftlichen Besinnung fortlaufend während der langen Zeit seines politischen Wirkens erwogen und geklärt. Wie ein Arzt sein medizinisches Wissen in der Behandlung eines einzelnen Krankheitsfalles und bei einer besonderen Operation vollkommen und als Ganzes gegenwärtig hat und es fortlaufend zu Rate zieht, so denkt Lenin auch als praktisch handelnder Revolutionär und Politiker aus der Gesamtheit seines soziologischen Wissens heraus. Wie andererseits die medizinische Wissenschaft aus der ärztlichen Praxis und aus den Erfahrungen ihres Wirkens heraus ihr Wissen ständig korrigiert und erweitert, so entwickelt Lenin seine gesellschaftswissenschaftliche Erfahrung und seine Lehre weiter in unmittelbarem Zusammenhang mit seiner Praxis als Politiker. Die Eigenart seines soziologischen Denkens und die geschlossene Einheit seines Wesens im Denken und Handeln tritt daher auch in jenen mehr praktisch-politischen Werken Lenins klar hervor, in denen er die Bedingungen, Formen und Notwendigkeiten der Verwirklichung seiner Ziele erörtert und darstellt. Dem Umfang nach umfassen diese die weitaus größte Zahl seiner Schriften. Es kann nun umsoweniger die Absicht unseres Versuches einer Einführung in die wissenschaftliche Eigenart der Soziologie Lenins sein, sein Denken in dieser der Praxis zugewandten Sphäre auch nur annähernd vollständig darzulegen, als dazu, wie eingangs dargestellt, eine intime Vertrautheit mit der politischen Bewegung gehört, für die Lenin einen Höhepunkt und einen ständig weiterbewegenden Impuls bedeutet. Der „Leninismus“ ist in unmittelbarer Nachfolge des Marxismus ein vielfältiges und umfassendes Gedankensystem geworden, das nur aus einer gleichgesinnten, umfassenden Erfahrung heraus ganz begriffen und dargestellt werden kann[1]).

Wir beschränken uns in diesem abschließenden Kapitel darauf zu zeigen, wie die eingangs dargestellten Grundfragen von Lenins Theorie der revolutionären Aktion praktisch gelöst werden und wie damit die von uns nach ihrer grundsätzlichen Seite hin entwickelten Lehren Lenins auch ihre politische Bedeutung als maßgebende Gesichtspunkte der Taktik beweisen. Die erste Frage entstand aus dem Verhältnis des sich aus sich selbst vollziehenden geschichtlichen Prozesses zu der Theorie, die den „Leitfaden zum Handeln" innerhalb dieses Prozesses hergeben soll. Besteht für die Theorie überhaupt eine sinnvolle Möglichkeit, das Handeln zu leiten, wenn dieses sich nur in einem Prozeß verwirklichen kann, der sich unabhängig von dem Bewußtsein und Denken aus eigener Notwendigkeit vollzieht? Wenn für Lenin der Marxismus „kein Dogma, sondern ein Leitfaden zum Handeln" ist, so muß er seine Bedeutung erst recht dort beweisen, wo sich das Handeln als revolutionäre Verwirklichung einer neuen Gesellschaftsform an ihm orientiert. Die Frage, die die politische Praxis an die Theorie stellt, heißt: wie soll der revolutionäre Kampf organisiert werden? Lenin erfaßt sie, und er gibt eine knappe und zusammenfassende Antwort: „Welches sind die Grundforderungen, die jeder Marxist bei der Frage der Kampfformen stellen muß? Erstens unterscheidet sich der Marxismus von allen primitiven Formen des Sozialismus dadurch, daß er die Bewegung nicht an irgendeine bestimmte Kampfform bindet. Er erkennt die allerverschiedensten Kampfformen an, und zwar denkt er sie nicht aus, sondern verallgemeinert sie nur, organisiert sie und trägt das Element des Bewußtseins in jene Kampfformen der revolutionären Klasse, die im Verlauf der Bewegung von selbst entstehen"[2]). Wenn also grundsätzlich die reale Entwicklung die Aufgabe stellt und im Verlauf der Bewegung aus dem Streben und Ringen der revolutionären Klasse heraus Kampfformen entspringen, ist es die Aufgabe des politischen Denkens, diese Formen auf ihre Leistungsfähigkeit hin zu prüfen, sie zu allgemeinen zu erheben und durch diese Prüfung des „von selbst" entstehenden Kampfes seine Träger ihres Tuns und ihrer Kampfesweise bewußt zu machen.

---

[1]) Wir verweisen den Leser auf die ungemein eindringliche und konzentrierte Darstellung, mit der der Nachfolger und Fortsetzer im Werk Lenins, der Führer des Sowjetstaates Josef Stalin den Leninismus als „Theorie und Taktik der proletarischen Revolution im allgemeinen" und als „Theorie und Taktik der Diktatur des Proletariats im besonderen" darstellt (J. Stalin, „Über die Grundlagen des Leninismus. Zu den Fragen des Leninismus", Deutsche Ausgabe Berlin 1946, S. 6).

[2]) Ges. W., Bd. X, S. 113.

Damit wird die marxistische These, daß das Sein das Bewußtsein bestimmt, weiterentwickelt. Diese hat zunächst die Bedeutung, einen inneren Zusammenhang zwischen dem materialistischen, realen Geschichtsprozeß und dem denkenden Bewußtsein sichtbar zu machen. Sie lehrt, daß alle politischen Denkweisen innerlich gebunden sind an die Position und Situation ihrer Träger in der ökonomisch-gesellschaftlichen Wirklichkeit. Für den Handelnden ergibt sich dabei die Schwierigkeit, daß seine bewußte Aktivität zu einer wesenlosen Begleiterscheinung werden könnte gegenüber dem „Sein" des geschichtlichen Prozesses, während dieser sich aber offenbar doch nur durch das Handeln der Menschen realisieren und fortschreiten kann. Für diese Aporie gibt Lenin die Lösung, die wir mit folgendem Gedankengang auslegen können. Bestehen bleibt das von Marx konstatierte Grundverhältnis von Sein und Bewußtsein. Das Primäre und Letztbestimmende ist das „Sein". Das denkende Bewußtsein vermag aber den geschichtlichen Prozeß zu begreifen, es erfaßt die in ihm waltende Grundtendenz, legt sie dem jeweiligen geschichtlichen Stand entsprechend aus und mißt an ihr die einzelnen organisatorischen Einrichtungen und Maßnahmen. Soweit sie dem fortschrittlichen Gang der Geschichte entsprechen, strebt es danach, sie zu verallgemeinern und als Modell des organisierten Handelns zu entwickeln. So klärt das theoretische Bewußtsein des geschichtlichen Handelns den politischen Prozeß und gestaltet ihn in einer sich steigernden W e c h s e l w i r k u n g v o n u n m i t t e l b a r e r, „s p o n t a n e r" A k t i v i t ä t d e s M a s s e n g e s c h e h e n s u n d r e f l e k t i e r t e r, p l a n m ä ß i g e r O r g a n i s a t i o n d e s H a n d e l n s zu wachsender Klarheit seines Wissens von sich selbst und zu immer größerer Stoßkraft, Sicherheit seiner Richtung und Festigkeit seiner gesellschaftlichen Formen. Vor diesem prinzipiellen Hintergrund ist es ohne weiteres verständlich, wenn Lenin fortfährt: „Der Marxismus lehnt alle abstrakten Formen, alle doktrinären Rezepte unbedingt ab und verlangt ein aufmerksames Studium des in Gang befindlichen M a s s e n kampfes, der mit der Entwicklung der Bewegung, mit dem Wachsen des Bewußtseins der Massen, mit der Verschärfung der wirtschaftlichen und politischen Krisen immer neue und verschiedenartigere Methoden der Verteidigung und des Angriffs hervorbringt. Deshalb denkt der Marxismus gar nicht daran, ein für allemal irgendwelche Kampfformen abzulehnen. Der Marxismus beschränkt sich keineswegs nur auf die Kampfformen, die im gegebenen Augenblick möglich und gebräuchlich sind, sondern hält es für unvermeidlich, daß neue Kampfformen bei Änderung der gegebenen sozialen Konjunktur, die in der gegebenen Periode noch niemand kennt, auftauchen. Der Marxismus lernt in dieser Beziehung, wenn man sich so ausdrücken darf, aus der Massenpraxis und ist weit davon entfernt, darauf Anspruch zu erheben, die Massenkampfformen zu lehren, die von Kabinetts-Systematikern ausgeklügelt werden"[1]). Der Marxismus ist also nicht nur „Anleitung zum Handeln", sondern er lernt nicht minder aus dem Handeln der Massen, und er führt umso besser, dürfen wir sagen, je gründlicher er das Lernen sich angelegen sein läßt.

An die wiedergegebene Textstelle schließt Lenin eine weitere Ausführung an, die sich als ihre Folge ergibt: „Zweitens verlangt der Marxismus unbedingt eine historische Untersuchung der Frage der Kampfformen. Diese Frage außerhalb der historisch-konkreten Situation behandeln, heißt das Abc des dialektischen Materialismus nicht verstehen. In verschiedenen Augenblicken der ökonomischen Evolution, in Abhängigkeit von verschiedenen politischen, national-kulturellen, sozialen und sonstigen Bedingungen, treten verschiedene Kampfformen in den Vordergrund, werden zu Hauptformen des Kampfes, im Zusammenhang hiermit wieder erfahren auch die Kampfformen zweiten Grades, die Kampfformen von untergeordneter Bedeutung eine Wesensänderung. Die Frage der Anwendung eines bestimmten Kampfmittels zu bejahen oder zu verneinen oder eingehend die konkrete Situation der gegebenen Bewegung auf der gegebenen Stufe ihrer Entwicklung zu untersuchen, heißt den Boden des Marxismus völlig verlassen"[2]). Diese Ausführung Lenins zeigt ein Doppeltes. Sie lehrt, daß die materialistische Soziologie sich keineswegs darauf beschränken darf, die Abhängigkeit des Bewußtseins vom Sein festzustellen und sich am Stand der ökonomischen Evolution zu orientieren, sondern daß sie die Gesamtheit aller politischen, national-kulturellen, sozialen und sonstigen Zusammenhänge, die den Charakter von Bedingungen des Handelns haben, zu studieren und zu würdigen hat. Die Worte Lenins machen es weiterhin deutlich, daß die materialistische Soziologie für den gesellschaftlichen Kampf die gleiche Bedeutung und Funktion gewinnt, die in der modernen Zeit die naturwissenschaftlich begründete Technik für die militärische Kriegführung hat. Die gesellschaftlichen Kämpfe treten auch von der Seite des proletarischen revolutionären Kampfes her aus dem früheren Stadium der terroristischen Aktionen

[1]) a. a. O., S. 113/114.

[2]) a. a. O., S. 114.

und der individuellen, gegen einzelne Personen gerichteten Vernichtungsakte heraus. Sie werden als durchdachte Massenaktionen mit einer Bewußtheit geführt, die nicht allein den häufig gebrauchten Ausdruck der Taktik, sondern selbst den der Strategie als einer auf weite Sicht angelegten Gesamtplanung eines gesellschaftlichen Feldzuges gerechtfertigt erscheinen läßt. Wenn Lenin bei der Mitteilung von dem Scheitern der Aktion gegen den Zaren, für die sein Bruder hingerichtet wird, erklärt: „Nein, auf diesem Wege werden wir es nicht machen, das ist nicht der richtige“[1]), dann liegt in dem Suchen nach dem anderen Weg ein Motiv, dessen vollkommene Erfüllung Lenin erst in seiner Theorie der Kampfesformen formuliert. Man darf den Begriff des Kampfes nicht nur leichthin auffassen, wie man auf den verschiedensten Gebieten des geistigen Daseins und gesellschaftlichen Lebens von „Kämpfen“ zu sprechen pflegt. Man hat in dem proletarischen Klassenkampf keine minder harte Form des Ringens zu sehen als in den Völkerkriegen, wenn auch die Auseinandersetzung sich in gesellschaftlichen statt in militärischen Formen vollzieht. Lenin nennt einmal Clausewitz einen der „geistvollsten Militärschriftsteller“[2]). Wir dürfen sagen: so wie Clausewitz den Krieg nicht nur als eine technische und militärische Erscheinung, sondern auch als einen Vorgang analysiert, der allseitig bedingt und bedingend sich im gesellschaftlichen und da wieder insbesondere im politischen Leben der Völker vollzieht, so lehrt Lenin die gesellschaftlichen Kämpfe mit jener Bewußtheit und Methodik zu führen, die bislang allein in der militärischen Kriegführung der Nationen entwickelt worden sind. Damit bestätigt sich, was Nikolajewna Konstantinowa Krupskaja in ihren Erinnerungen an Lenin feststellt: „Iljitsch hatte nicht nur alles gelesen und aufs sorgfältigste durchdacht, was Marx und Engels über die Revolution und den Aufstand geschrieben haben; er hatte gar manches Werk über Kriegskunst gelesen und die Technik und Organisation des bewaffneten Aufstandes nach allen Seiten hin erwogen. Er beschäftigte sich mit dieser Sache viel mehr, als man weiß, und seine Äußerungen über die Stoßtrupps während des Partisanenkrieges . . . waren nicht Laiengeschwätz, sondern ein allseitig durchdachter Vorschlag“[3]).

Mit den dargelegten Worten Lenins ist die erste unserer eingangs formulierten Fragen, die nach dem Verhältnis von Bewußtsein und Massenaktion beantwortet. Es bleibt noch die zweite. Sie betrifft

[1]) Lenin, „Leben und Werk“, S. 185; nach: Stählin, a. a. O., S. 675.

[2]) Ges. W., Bd. XVIII, S. 253.

[3]) a. a. O., S. 140.

die Geltung und Wirkungsmöglichkeit der Persönlichkeit in der revolutionären Massenaktion. Die These, die einer Würdigung der Rolle der Persönlichkeit im revolutionären Geschehen am meisten entgegensteht, ist die „Anbetung der Spontaneität". Schon der „Ökonomismus", nach dem die ökonomische Entwicklung ohne Einmischung „des revolutionären Bazillus: der Intelligenz" einen politischen Charakter annehmen soll, beruht auf der Aufhebung der persönlichen Aktivität des Einzelnen im politischen Bewußtsein[1]). Das Gegenstück ist der Terrorismus, der ebenfalls nicht fähig ist, die persönliche, denkende Aktivität mit der Eigenentwicklung der Massen innerlich zusammenzuschließen. Der Ökonomist resigniert persönlich vor dem „spontanen" revolutionären Werden in der Wirtschaft und überläßt diesem den Vollzug der Revolution. Der Terrorist unternimmt es ganz von sich allein und persönlich aus, die Revolution durch eine individuelle Aktivität zu verwirklichen. „Die Ökonomisten und die Terroristen sind Anbeter der beiden verschiedenen Pole der spontanen Richtung: die Ökonomisten der Spontaneität der reinen Arbeiterbewegung, die Terroristen der Spontaneität der leidenschaftlichsten Empörung der Intellektuellen, die es nicht verstehen oder nicht die Möglichkeit haben, die revolutionäre Arbeit mit der Arbeiterbewegung zu einem Ganzen zu verbinden"[2]). Lenin zeigt hier die doppelte Folge eines fehlerhaften Dogmas auf. Sobald man sich auf den Standpunkt stellt, der ökonomische Prozeß vollziehe sich als ein schließlich revolutionärer mit eigengesetzlicher Notwendigkeit aus der Entwicklung der Masse heraus ohne die Tätigkeit der führenden Persönlichkeit, dann wird die politische Aktivität ersetzt durch den ökonomischen Prozeß. Es werden die tatbereiten Revolutionäre von dem Massenvorgang abgedrängt, so daß sie nur in wilden und willkürlichen, mit der Massenaktion in keinem Zusammenhang stehenden Einzelakten, eben im Geist des Terrorismus revolutionär handeln können. Beide Reaktionen ergeben sich notwendig aus dem gleichen falschen Dogma, und beide lassen das revolutionäre Ziel verfehlen. Die politische Massenaktion läuft sich im rein wirtschaftlichen Interessenkampf tot, und die revolutionäre Intelligenz verpufft alle Energie in willkürlichen und sinnlosen Explosionen des Terrors. Das Problem besteht also darin, durch eine andere Auffassungsweise die beiden notwendigen Komponenten der revolutionären Aktion, die Massenbewegung und die führende Intelligenz, einander anzunähern.

---

1) „Was tun?", 1946; S. 99.

2) a. a. O., S. 101.

Das ist im wesentlichen eine Aufgabe der Organisation. Auch ihr gegenüber macht sich jenes falsche Dogma der „Spontaneität" bemerkbar. Die „Anbetung" der spontan sich herausbildenden Organisationsformen ist ebenfalls verfehlt, ja schädlich. Sie hat organisatorisch eine „Handwerklerei" zur Folge, ein politisches Arbeiten von der gleichen Primitivität und Irrationalität, wie sie das Handwerk innerhalb der modernen Industriewelt unzeitgemäß macht. Man arbeitet von kleinen Zirkeln aus ohne Zusammenhang miteinander wild darauf los[1]). Die „Anbetung der Spontaneität" bedeutet, daß man sich bemüht, das Niveau der Masse zu wahren; sie erzeugt eine „gewisse Furcht, auch nur einen Schritt weit von dem abzuweichen, was der Masse zugänglich ist"[2]). Da nun aber die Arbeiterbewegung selbst sich keine eigene Ideologie ausgearbeitet hat und sich aus sich heraus keine klar bewußten revolutionären Ziele steckt, ergibt sich eine weitere Alternative: entweder wird die Arbeiterschaft zu einem vollen sozialistischen Bewußtsein fortentwickelt, und das bedeutet den Bruch mit der These der Spontaneität, oder es wird daran festgehalten, daß die Arbeiterbewegung sich ganz aus sich allein heraus entfalten soll und muß, dann wird sie bald der bürgerlichen Ideologie verfallen. Eine „außerhalb der Klassen und über den Klassen stehende Ideologie" kann es nicht geben[3]), eine eigene entwickelt die Arbeiterschaft aus sich selbst heraus nicht, also bedeutet notwendigerweise „jede Herabminderung der sozialistischen Ideologie, jedes Abschwenken von ihr zugleich eine Stärkung der bürgerlichen Ideologie"[4]). Die revolutionäre Sozialdemokratie muß daher auch aus politischen Gründen den Kampf gegen die Theorie der Spontaneität aufnehmen, wenn sie nicht schließlich vom Bürgertum abhängig werden will.

Statt das revolutionäre Geschehen einer spontanen Entwicklung zu überlassen und das Element des Bewußtseins von dem spontanen Massengeschehen abhängig zu machen, muß das spontane Element zu einem vollen Bewußtsein weiterentwickelt werden. Denn es ist in Wahrheit nichts Abschließendes und in der Wirklichkeit für sich Bestehendes, sondern die „Keimform der Bewußtheit"[5]). Man darf also das Bewußtsein nicht auf die spontane Massenentwicklung soziologisch reduzieren, sondern man muß das spontane Drängen und Streben des Proletariats zu klarem und umfassendem revolutionärem Bewußtsein entfalten. Diese sozia-

1) a. a. O., S. 124.
2) a. a. O., S. 155.
3) a. a. O., S. 68.
4) a. a. O.
5) a. a. O., S. 58.

listische Aufgabe rückt die Bemühung um geistige Führung des Proletariats in die Kontinuität der geistigen Entwicklung und der bürgerlichen wissenschaftlichen Leistungen hinein. „Die Lehre des Sozialismus ist . . . . aus philosophischen, historischen und ökonomischen Theorien hervorgewachsen, die von den gebildeten Vertretern der besitzenden Klassen, der Intelligenz, ausgearbeitet wurden. Auch die Begründer des modernen wissenschaftlichen Sozialismus, Marx und Engels, gehörten ihrer sozialen Stellung nach der bürgerlichen Intelligenz an. Ebenso entstand auch in Rußland die theoretische Lehre der Sozialdemokratie ganz unabhängig von dem spontanen Anwachsen der Arbeiterbewegung, entstand als natürliches und unvermeidliches Ergebnis der Ideenentwicklung der revolutionär-sozialistischen Intelligenz“[1]).

Es wäre nun völlig falsch — ein Zeichen rückschrittlicher „Handwerklerei“ —, wenn man, um recht „praktisch“ zu sein, diese Intelligenz dem Niveau der Massen anpassen wollte. Lenin macht geltend, wenn man das Praktische als das Herabdrücken des geistigen Niveaus der politischen Arbeit bis zu dem Auffassungsvermögen der rückständigen Schichten der Massen verstehen wolle, dann sei mit solchen „Handwerklern“ überhaupt nichts anzufangen und die politischen Aufgaben seien ihnen überhaupt unzugänglich[2]). Vielmehr bestehe die Rolle der Sozialdemokratie darin, der „Geist“ zu sein, der nicht nur „über der spontanen Bewegung schwebt, sondern diese Bewegung auch auf die Höhe seines Programms“ hebt[3]). Genau im Gegensatz zu jener „Anbetung der Spontaneität“, mit der der Geist seine Aktivität und seine gestaltende Kraft verleugnet, ist die „spontane“ Massenbewegung emporzuheben zur Höhe des Programms und zu einer Handlungsbereitschaft und Wirkungsweise zu entwickeln, die sich ihres Wollens und ihrer Ziele genau bewußt ist.

Diese Entwicklung des Momentes der „Intelligenz“ aus der Masse heraus hat ihren Zweck nicht in sich selbst. Was mit der Intelligenz emporgehoben werden soll, ist die politische Führung. Eine Gegenüberstellung von „Masse“ und Arbeiterintelligenz beispielsweise ist solange abwegig, als man vergißt, daß es auch unter den intelligenten Arbeitern genug gibt, die politisch ausfallen, weil sie ihren Kampf nur wirtschaftlich führen. Die Massen werden es nie lernen, den politischen Kampf zu führen, solange nicht aus den Kreisen der intelligenten Arbeiter und auch aus den Kreisen der

---

1) a. a. O., S. 59.
2) a. a. O., S. 130.
3) a. a. O., S. 79.

„Intelligenz“ politische Führer herangebildet werden[1]). Das bedeutet für Lenin keineswegs, daß die Pädagogik der Politik untergeordnet werden soll. „Mich empört dieses ständige Vermengen von Fragen der Politik und der Organisation mit Pädagogik . . . . redet doch von ernsten Dingen in aufrechter Haltung und überlaßt die Pädagogik den Pädagogen, nicht den Politikern und Organisatoren!“ ruft er aus[2]). So wenig die Politik den Forderungen eines reinen Geistes unterworfen werden kann, so wenig ist die Pädagogik zu politisieren. Aber darin erschöpft sich nicht die Beziehung beider Bereiche des gesellschaftlichen Wirkens aufeinander. Die Pädagogik hat die künftigen Träger der politischen Arbeit heranzubilden. Aus den Kreisen intelligenter Menschen sind die geeigneten Persönlichkeiten auszulesen und zu politischen Führern heranzubilden. Hierin liegt eine unmittelbare praktische Konsequenz der Gegnerschaft Lenins gegen die Theorie und Praxis der „spontanen“ Entwicklung, die den Einfluß des wirkenden und gestaltenden Menschen ausschließt. Lenin hebt gegen die banale Form der Überschätzung der „Praxis“ hervor, „welche Wunder für die Sache der Revolution die Energie nicht nur des Zirkels, sondern sogar einer einzelnen Person zu vollbringen vermag“[3]). Als aktiver Funktionär im revolutionären Massenprozeß hat die Person ihren Platz.

Blicken wir von diesem Ergebnis zurück auf jenen Ansatzpunkt der gesellschaftlichen Problematik, von dem wir in der Charakteristik der zaristischen Gesellschaft ausgingen. Diese zerfiel, grob gesehen, in zwei Schichten. Bestimmend war eine Oberschicht, der ein persönliches Dasein möglich und vorbehalten blieb. Weil sie aber, schon auf Grund ihrer in jeder Weise politisch und wirtschaftlich priviligierten Situation ohne verpflichtende Bindungen an die Gesamtheit war, löste sie sich innerlich in Willkür und Abseitigkeit, Individualismus und schließlich Nihilismus auf. Diesem kleinen Kreis der Herrschenden stand die überwältigend große Masse der Unterschicht gegenüber, der praktisch eine Entfaltung persönlichen Lebens kaum möglich war. In ihrer großen Mehrzahl war sie in einer geradezu vorpersönlichen Existenz befangen. Zu einer Entwicklung im Sinne des westeuropäischen Persönlichkeitsideals fehlten alle Voraussetzungen. Indem die revolutionäre Aktion jedem Einzelnen gerade aus der bisher unteren Schicht die Möglichkeit gibt, als Funktionsträger im politischen Massenprozeß seine persönliche

---

1) a. a. O., S. 183.

2) a. a. O., S. 153.

3) a. a. O., S. 130.

Leistungsfähigkeit zu entwickeln, ist die frühere Spaltung der Gesamtheit in eine kleine personale und eine überwiegende große apersonale Schicht beseitigt. Das bedeutet nicht, daß nun ein Persönlichkeitsideal im westeuropäischen Sinn, zu dessen Vorbedingungen die lange Tradition von der Reformation und der Renaissance an gehört, vorherrschend würde. Aber es wird grundsätzlich dem Einzelnen die Chance gegeben, zu einem Funktionsträger in der politischen Führung und in der Gestaltung des gesellschaftlichen Daseins heranzuwachsen. Dadurch, daß die Pflichten in der Gesamtheit den Rahmen der Wirksamkeit und der Bewertung bestimmen, wird die werdende Persönlichkeit vor Abseitigkeit, Individualismus und Nihilismus bewahrt. Indem die Massenwirklichkeit durch die politische Aktivierung aus ihrer früheren Lethargie geweckt und in den Prozeß der gesellschaftlichen Entwicklung einbezogen wird, tritt sie aus ihrer anonymen Gestaltlosigkeit heraus. Sie selbst soll in geeigneten Repräsentanten zu Führern herangebildet werden. Es entspricht dem Ziel der revolutionären Massenaktion, daß diese Führung keine einzelpersönliche Aufgabe ist, sondern daß sie sich durch eine straff „von oben nach unten" organisierte Partei verwirklicht[1]).

Es fehlt auch hier nicht an Gefahren und Abwegen, gegen die Lenin seine Absicht klarstellen und sichern muß. Die führenden Persönlichkeiten dürfen nicht in verantwortungsloser Willkür der Arbeiterschaft schmeicheln und ihr unerfüllbare Ziele vorgaukeln, um sich durch Versprechungen beliebt zu machen. Lenin betont eindringlich, daß Demagogen „die ärgsten Feinde der Arbeiterklasse sind"[2]). Andererseits darf der Gedanke der Demokratie nicht so ausgelegt werden, daß jeder Einzelne ohne weiteres dazu aufgerufen ist, unmittelbar an der politischen Gestaltung mitzuwirken. Wenn die Bereitschaft der Masse zu folgen nicht mißbraucht werden darf, dann kann andererseits auch nicht jeder Einzelne sich aus eigener Machtvollkommenheit den Anspruch auf Führung anmaßen. Wieder sind es die ökonomistischen und terroristischen Vertreter der „Spontaneität', die eine „primitive" Form von Demokratie verfechten, indem sie die unmittelbare Mitwirkung aller verlangen und jede Unterordnung unter eine Führung ablehnen[3]).

Im scharfen Gegensatz gegen diese beiden Entartungen fordert Lenin eine Organisation, die von Berufsrevolutionären geführt wird. Sie muß straff zusammengefaßt sein, um wirklich leistungsfähig zu werden; „denn der spontane Kampf des Proletariats wird nicht zu

---

1) Vgl. Lenin, Ausgew. W., Moskau 1946, I, S. 315.

2) „Was tun?", 1946, S. 145.

3) a. a. O., S. 162 f.

einem wirklichen Klassenkampf werden, solange dieser Kampf nicht von einer starken Organisation der Revolutionäre geleitet wird"[1]). Es müssen spezialisierte Berufsrevolutionäre sein, die die Führung haben. Diese werden „in immer größerer Zahl aus der Menge hervorgehen", wenn eine möglichst geringe Zahl alle konspirativen Funktionen auf sich konzentriert; „denn die Menge wird dann wissen, daß es nicht genügt, wenn sich ein paar Studenten und einen ökonomischen Kampf führende Arbeiter zusammentun, um ein Komitee zu bilden, sondern daß es notwendig ist, durch jahrelange Arbeit sich zu einem Berufsrevolutionär auszubilden"[2]).

Die geistige Führung durch den berufsmäßigen Revolutionär, deren Notwendigkeit Lenin darlegt, umfaßt die Leistung des Propagandisten und des Agitators. Die Art, wie Lenin die Aufgabe beider Formen bestimmt, zeigt, wie wenig er die aktiven Leistungen der geistigen Führung einer Massenspontaneität opfern will. Der P r o p a g a n d i s t „muß viele Ideen vermitteln, so viele, daß alle diese Ideen in ihrer Gesamtheit und mit einem Male und von (verhältnismäßig) wenigen Personen begriffen werden". Der A g i t a t o r dagegen hat auf Grund einer allen bekannten Tatsache „der Masse e i n e I d e e zu vermitteln .... Der Propagandist wirkt darum hauptsächlich durch das g e d r u c k t e, der Agitator durch das g e s p r o c h e n e Wort"[3]).

Lenin faßt seine Ansicht von der Organisation der revolutionären Führung dahin zusammen, daß „1. keine einzige revolutionäre Bewegung ohne eine stabile und die Kontinuität wahrende Führerorganisation Bestand haben kann; 2. je breiter die Masse ist, die spontan in den Kampf hineingezogen wird, die die Grundlage der Bewegung bildet und an ihr teilnimmt, umso dringender ist die Notwendigkeit einer solchen Organisation und umso fester muß diese Organisation sein (denn umso leichter wird es für allerhand Demagogen sein, die rückständigen Schichten der Masse mitzureißen); 3. eine solche Organisation muß hauptsächlich aus Leuten bestehen, die sich berufsmäßig mit revolutionärer Tätigkeit befassen; 4. je mehr wir die Mitgliedschaft einer solchen Organisation e i n e n g e n, und zwar so weit, daß sich an der Organisation diejenigen Mitglieder beteiligen, die sich berufsmäßig mit revolutionärer Tätigkeit befassen und in der Kunst des Kampfes gegen die politische Polizei berufsmäßig geschult sind, um so schwieriger wird es in einem absolutistischen Lande sein, eine solche Organisation abzufangen, und 5. um so b r e i t e r wird der Kreis der Personen aus

---

1) a. a. O., S. 156.
2) a. a. O., S. 147.
3) a. a. O., S. 93.

der Arbeiterklasse wie aus den übrigen Gesellschaftsklassen sein, die die Möglichkeit haben werden, an der Bewegung teilzunehmen und sich in ihr aktiv zu betätigen"[1]).

Diese Notwendigkeit einer straffen Zusammenfassung, der „Zentralismus", ist ein „Hauptgedanke" in der Grundlegung der Parteiorganisation[2]). Alle die Tendenzen innerhalb der Sozialdemokratie, die in scheinbarer „Vertiefung" der Ideen des Sozialismus diesen in Wirklichkeit dem bürgerlichen Denken annähern, mögen „den Prozeß des vor ihren Augen sich abspielenden Kampfes leidlich schildern und erklären, sie sind jedoch völlig außerstande, für diesen Kampf die richtige Losung zu geben"[3]). Innerhalb der Partei der Sozialdemokratie entwickelt sich ein Gegensatz zwischen einer „Mehrheit" (Bolschewiki) und einer „Minderheit" (Menschewiki), dessen Anlaß die Frage: „Opportunismus" oder Revolution ist. Die „alte Iskra", die von Lenin begründete erste allgemeine Parteizeitung, vertritt den Gedanken der Revolutionäre, die „neue Iskra", für die Lenin nicht mehr verantwortlich zeichnet, ist opportunistisch. Eine entscheidende Auseinandersetzung auf dem zweiten Parteitag der Sozialdemokratischen Arbeiterpartei Rußlands 1902, dessen Verlauf Lenin in soziologisch lehrreicher Weise analysiert („Ein Schritt vorwärts, zwei Schritt zurück"), führt zum Beharren der Bolschewiki unter Lenins Führung bei den Ideen der „alten Iskra", beispielsweise bei der Forderung des Zentralismus, während die Minderheit, zu der auch Plechanow gehört, das Gefolge der „neuen Iskra" bildet. Neben diesen Hauptrichtungen gibt es noch organisatorische Splitterrichtungen ohne grundsätzliche Bedeutung.

Auch diese Entwicklung innerhalb der Sozialdemokratischen Partei wird von Lenin im Sinne der Dialektik durchdacht. Das Ergebnis faßt er in einer Darstellung zusammen, die zugleich den besonderen Einfluß seines Denkens und seines politischen Wirkens auf die geistige und politische Grundlegung der Partei der Bolschewiki festhält: „Unser Parteitag war in seiner Art eine einzigartige, in der ganzen Geschichte der russischen revolutionären Bewegung noch nicht dagewesene Erscheinung. Zum ersten Mal ist es einer konspirativen revolutionären Partei gelungen, aus dem Dunkel der Illegalität ans Tageslicht zu treten und in aller Öffentlichkeit den ganzen Verlauf und den Ausgang unseres inneren Parteikampfes, das ganze Antlitz unserer Partei und jedes irgendwie bemerkenswerten Teiles dieser Partei in Fragen des Programms, der Taktik und der Organisation zu zeigen. Zum ersten Mal ist es gelungen,

---

1) a. a. O., S. 146.
2) Ausgew. W., Moskau 1946; I, S. 337.
3) „Zwei Taktiken . . . .", 1946; S. 33.

uns von der Tradition der dem Zirkelwesen eigenen Disziplinlosigkeit und des revolutionären Spießertums frei zu machen und Dutzende der verschiedensten Gruppen zusammenzubringen, die häufig einander erbittert bekämpften, die ausschließlich durch die Macht der Ideen miteinander verbunden und (im Prinzip) bereit waren, jede Gruppeneigentümlichkeit und Gruppenvollständigkeit dem gewaltigen, in Wirklichkeit zum ersten Mal von uns geschaffenen Ganzen — der Partei — zu opfern"[1]). Von diesem Zeitpunkt an entwickelt und führt Lenin die Partei der Mehrheit — die bolschewistische Partei also — als die politisch kämpfende Macht, deren Führerschaft als ein fest verbundener Kreis von zielbewußten und aktiven geistigen Persönlichkeiten die spontane Bewegung der Masse zum Bewußtsein ihrer selbst bringt, ihr Ziele setzt und sie zur Verwirklichung der Revolution organisiert und leitet.

Die Losung, die Lenin, seine von uns dargelegten gedanklichen Klärungen der geschichtlichen Wirklichkeit und seiner Theorie zusammenfassend, dem Proletariat gibt, heißt: „Das Proletariat muß die demokratische Umwälzung zu Ende führen, indem es die Masse der Bauernschaft an sich heranzieht, um den Widerstand des Absolutismus mit Gewalt zu brechen und die schwankende Haltung der Bourgeoisie zu paralysieren. Das Proletariat muß die sozialistische Umwälzung vollziehen, indem es die Masse der halbproletarischen Elemente der Bevölkerung an sich heranzieht, um den Widerstand der Bourgeoisie mit Gewalt zu brechen und die schwankende Haltung der Bauernschaft und der Kleinbourgeoisie zu paralysieren"[2]). So verwirklicht das Proletariat die vollkommene Revolution. „Das Proletariat allein ist fähig, zuverlässig bis zu Ende zu gehen, denn es geht weit über die demokratische Umwälzung hinaus"[3]). Zwar ist schon die bürgerliche Revolution für das Proletariat „im höchsten Maße vorteilhaft". Sie führt die gesellschaftliche und ökonomische Entwicklung in einen Zustand hinein, der notwendig über die bürgerliche Demokratie hinaus weitertreibt. „Je konsequenter . . . . die bürgerliche Revolution in ihren demokratischen Umgestaltungen ist, desto weniger beschränkt sie sich auf das, was ausschließlich für die Bourgeoisie von Vorteil ist"[4]). Es schadet dabei nichts, daß selbst Kleinbürgertum und Proletariat

[1]) Ausgew. W., Moskau 1946, Bd. I, S. 400.
[2]) „Zwei Taktiken d. sozialdem. Revolution", S. 84.
[3]) a. a. O., S. 82.
[4]) a. a. O., S. 40.

verschiedene Auffassungen vom Sozialismus haben. Im Kampf für die Demokratie können sie zunächst zusammengehen. Ein dauerhaftes Bündnis zwischen Bürgertum und Proletariat kann es aber niemals geben. Lenin faßt sein Urteil über das Bürgertum zusammen: „Die Bourgeoisie ist liberal und konterrevolutionär. Daher ihr geradezu lächerlich machtloser und kläglicher Reformismus. Träume von Reformen und — Angst, sich mit den Feudalen ernstlich auseinanderzusetzen, die nicht nur keine Reformen gewähren, sondern die schon gewährten sogar zurücknehmen. Propagierung von Reformen und — Angst vor der Volksbewegung. Das Bestreben, die Feudalen zu verdrängen, und — Angst, ihre Hilfe zu verlieren; Angst, die eigenen Privilegien zu verlieren"[1]. Ist die Demokratie erst einmal verwirklicht, dann kommt notwendigerweise die Stunde des Klassenkampfes auch zwischen Kleinbourgeoisie und Proletariat, und damit beginnt die letzte Phase der Revolution.

Für diese Revolution stellt Lenin ein Gesetz auf, das es gestattet, den Grad ihrer Gewalt aus ihren Vorbedingungen heraus zu bestimmen: „In der Geschichte hängt die zerstörende Kraft der Revolution in nicht geringem Maße auch davon ab, wie stark und andauernd die Unterdrückung der Freiheitsbestrebungen war, und wie tief die Widersprüche zwischen dem vorsintflutlichen Überbau und den lebendigen Kräften der gegenwärtigen Epoche sind"[2]. Von diesem Gesetz aus betrachtet, ist die Situation des zaristischen Rußlands in besonderem Maße für die Revolution reif. Die Unterdrückung der freiheitlichen Bestrebungen ist in ihm die schärfste und brutalste. Die Widersprüche zwischen der theokratischen und autokratischen Verfassung des Geistes und der Politik auf der einen und der modern-kapitalistischen und proletarischen Wirklichkeit auf der anderen Seite sind nahezu absolute, und alle lebendigen Kräfte sehen sich in einen äußersten Gegensatz zu der geltenden Ordnung gedrängt. So muß die Revolution in Rußland eine unbedingte und vollkommen kompromißlose Form annehmen. Es ist Lenin, der das erkennt, der diese Revolution herbeiführt und der zugleich durch sein theoretisches Werk, die materialistische Soziologie der revolutionären Aktion, die Revolution ebenso vorbereitet wie zum Erkennen ihres eigenen Wesens befähigt. Im gleichen Maße eröffnet er der allgemeinen wissenschaftlichen Soziologie einen Einblick in das Wesen der modernen Revolution, in ihre wissenschaftlichen Voraussetzungen, in ihre geistigen Grundlagen und in die Formen, in denen sie sich vollzieht.

---

1) Ausgew. W., Moskau 1946; I, S. 583.

2) „Zwei Taktiken . . .", S. 46.

V. Ausgewählte Textstellen

I.

Sozialismus und Religion

Die heutige Gesellschaft ist ganz auf der Ausbeutung der ungeheuren Massen der Arbeiterklasse durch eine verschwindend kleine, zu den Klassen der Grundbesitzer und Kapitalisten gehörende Minderheit der Bevölkerung aufgebaut. Es ist eine sklavenhaltende Gesellschaft, denn die „freien" Arbeiter, die ihr ganzes Leben lang für das Kapital schuften, „haben Anrecht" lediglich auf solche Existenzmittel, die zum Lebensunterhalt von Sklaven, die Profit erzeugen, zur Sicherung und Verewigung der kapitalistischen Sklaverei notwendig sind.

Die ökonomische Unterdrückung der Arbeiter verursacht und erzeugt unvermeidlich alle möglichen Arten politischer Unterdrükkung und sozialer Erniedrigung, führt zur Verrohung und Verkümmerung des geistigen und sittlichen Lebens der Massen. Die Arbeiter können sich mehr oder weniger politische Freiheit für ihren Kampf um ökonomische Befreiung erringen, aber keine Freiheit wird sie von der Armut, der Arbeitslosigkeit und der Knechtschaft erlösen, solange die Macht des Kapitals nicht gestürzt ist. Die Religion ist eine Art des geistigen Druckes, der überall und allenthalben auf den Volksmassen lastet, die durch ewige Arbeit für andere, durch Not und Vereinsamung niedergedrückt werden. Die Ohnmacht der ausgebeuteten Klassen im Kampfe gegen ihre Ausbeuter erzeugt ebenso unvermeidlich den Glauben an ein besseres Leben nach dem Tode, wie die Ohnmacht des Wilden in seinem Kampfe mit der Natur den Glauben an Götter, Teufel, Wunder und dergleichen hervorruft. Denjenigen, der sein Leben lang arbeitet und Not leidet, lehrt die Religion Demut und Geduld hienieden, und sie vertröstet ihn mit Hoffnungen auf himmlischen Lohn. Diejenigen aber, die von fremder Arbeit leben, lehrt die Religion Wohltätigkeit hienieden, womit sie ihnen eine recht billige Rechtfertigung ihres ganzen Ausbeuterdaseins gibt und zu annehmbaren Preisen Eintrittskarten zur himmlischen Seligkeit verkauft.

Die Religion ist Opium fürs Volk. Die Religion ist eine Art geistiger Fusel, in dem die Sklaven des Kapitals ihre Menschenwürde und ihren Anspruch auf eine halbswegs menschenwürdige Existenz ersäufen.

Doch der Sklave, der sich seiner Sklaverei bewußt geworden ist und sich zum Kampf für seine Befreiung erhoben hat, hat bereits zur Hälfte aufgehört, Sklave zu sein. Der moderne klassenbewußte Arbeiter, von der Großindustrie erzogen und durch das städtische Leben aufgeklärt, wirft mit Verachtung die religiösen Vorurteile von sich, überläßt den Himmel den Pfaffen und bürgerlichen Frömmlern und erkämpft sich ein besseres Leben hier auf Erden. Das heutige Proletariat tritt auf die Seite des Sozialismus, der die Wissenschaft zum Kampfe gegen den religiösen Nebeldunst heranzieht und die Arbeiter vom Glauben an ein jenseitiges Leben dadurch befreit, daß er sie zum wirklichen Kampf für ein besseres irdisches Leben zusammenschweißt.

Erklärung der Religion zur Privatsache — in diesen Worten wird gewöhnlich das Verhältnis der Sozialisten zur Religion ausgedrückt. Doch muß man die Bedeutung dieser Worte genau definieren, damit sie keine Mißverständnisse hervorrufen können. Wir fordern, daß die Religion Privatsache sei dem Staat gegenüber, können aber keinesfalls die Religion unserer eigenen Partei gegenüber als Privatsache betrachten. Der Staat soll mit der Religion nichts zu tun haben, die Religionsgemeinschaften dürfen mit der Staatsmacht nicht verknüpft sein. Jeder muß vollkommen frei sein, sich zu jeder beliebigen Religion zu bekennen, oder auch gar keine Religion anzuerkennen, d. h. Atheist zu sein, was ja in der Regel jeder Sozialist auch ist. Alle durch das religiöse Bekenntnis bestimmten Unterschiede in den Rechten der Staatsbürger sind völlig unzulässig. Selbst die Erwähnung der Konfessionszugehörigkeit der Staatsbürger in offiziellen Dokumenten muß unbedingt ausgemerzt werden. Keine Zuwendungen an eine Staatskirche, keine Zuwendungen von Staatsmitteln an kirchliche und religiöse Gemeinschaften, die vielmehr völlig freie, von den Behörden unabhängige Vereinigungen gleichgesinnter Bürger werden müssen. Nur die restlose Erfüllung dieser Forderungen kann jener schändlichen und verfluchten Vergangenheit ein Ende machen, wo die Kirche im Hörigkeitsverhältnis gegenüber dem Staate und die russischen Bürger im Hörigkeitsverhältnis gegenüber der Staatskirche waren, wo mittelalterliche Inquisitionsgesetze bestanden und Anwendung fanden (die bis auf den heutigen Tag in unseren Strafgesetzen und -verordnungen erhalten geblieben sind), die Glauben oder Unglauben verfolgten, das Gewissen der Menschen vergewaltigten und

Staatspöstchen und Staatspfründen mit der Verteilung dieses oder jenes Staatskirchenfusels verknüpften. Vollständige Trennung der Kirche vom Staat — das ist die Forderung, die das sozialistische Proletariat an den heutigen Staat und die heutige Kirche stellt.

Die russische Revolution muß diese Forderung als unentbehrlichen Bestandteil der politischen Freiheit verwirklichen. Die russische Revolution vollzieht sich in dieser Beziehung unter besonders vorteilhaften Bedingungen; denn das widerwärtige Bürokratenregime des politisch feudalistischen Absolutismus hat selbst innerhalb der Geistlichkeit Unzufriedenheit, Gärung und Empörung hervorgerufen. So geduckt und unwissend die russische rechtgläubige Geistlichkeit auch gewesen sein mag, selbst sie hat jetzt der dröhnende Sturz der alten, mittelalterlichen Ordnung in Rußland geweckt. Selbst sie schließt sich der Forderung nach Freiheit an, protestiert gegen das Bürokratenregime und die Beamtenwillkür und gegen die polizeilichen Spitzeldienste, die den „Dienern Gottes" auferlegt werden. Wir Sozialisten müssen diese Bewegung unterstützen, indem wir die Forderungen der ehrlichen und aufrichtigen Leute innerhalb der Geistlichkeit bis zu Ende entwickeln, sie dort, wo sie von Freiheit sprechen, beim Wort nehmen und von ihnen fordern, daß sie jede Verbindung zwischen Religion und Polizei entschieden zerreißen. Entweder seid ihr aufrichtig — dann müßt ihr für die völlige Trennung der Kirche vom Staat und der Schule von der Kirche eintreten, dafür eintreten, daß die Religion bedingungslos und ohne Einschränkungen zur Privatsache erklärt werde. Oder aber ihr akzeptiert diese konsequenten Forderungen nach Freiheit nicht — dann seid ihr also immer noch in den Überlieferungen der Inquisition befangen, klebt also immer noch an den Staatspöstchen und Staatspfründen, glaubt also nicht an die geistige Kraft eurer Waffe, laßt euch auch weiterhin von der Staatsmacht bestechen — und dann erklären euch die klassenbewußten Arbeiter ganz Rußlands den schonungslosen Krieg.

Für die Partei des sozialistischen Proletariats ist die Religion keine Privatsache. Unsere Partei ist ein Bund der klassenbewußten, vorgeschrittenen Kämpfer für die Befreiung der Arbeiterklasse. Ein solcher Bund kann und darf sich gegenüber dem Fehlen des Klassenbewußtseins, gegenüber der Unwissenheit und dem Irrsinn des religiösen Glaubens nicht gleichgültig verhalten. Wir fordern die vollständige Trennung der Kirche vom Staat, um gegen den religiösen Nebel mit rein geistigen und nur geistigen Waffen, mit unserer Presse, mit unserem Wort, kämpfen zu können. Aber wir haben unseren Bund, die Sozialdemokratische Arbeiterpartei Rußlands, unter anderem gerade auch für einen solchen Kampf gegen jede religiöse Verdummung der Arbeiter gegründet. Für uns ist der ideologische Kampf keine Privatsache, sondern eine Angelegenheit der ganzen Partei, des gesamten Proletariats.

Wenn dem so ist, warum erklären wir nicht in unserem Programm, daß wir Atheisten sind? Warum verbieten wir nicht Christen und Gottesgläubigen, in unsere Partei einzutreten?

Die Antwort auf diese Frage muß über einen äußerst wichtigen Unterschied zwischen der bürgerlich-demokratischen und der sozialdemokratischen Fragestellung in bezug auf die Religion Klarheit schaffen.

Unser Programm beruht ganz auf wissenschaftlicher, und zwar materialistischer Weltanschauung. Die Erläuterung unseres Programms schließt daher notwendig auch die Klarlegung der wahren historischen und ökonomischen Wurzeln des religiösen Nebels ein. Unsere Propaganda schließt notwendigerweise auch die Propaganda des Atheismus ein; die Herausgabe entsprechender wissenschaftlicher Literatur, die bisher von der absolutistisch-feudalen Staatsmacht streng verboten war und verfolgt wurde, muß jetzt einen Zweig unserer Parteiarbeit bilden. Wir werden jetzt wahrscheinlich den Rat befolgen müssen, den Engels einmal den deutschen Sozialisten erteilte: die französische atheistische und Aufklärungsliteratur des 18. Jahrhunderts zu übersetzen und in Massen zu verbreiten.

Aber wir dürfen uns dabei in keinem Falle dazu verleiten lassen, die religiöse Frage abstrakt, idealistisch, „aus der Vernunft", außerhalb des Klassenkampfes zu stellen, wie dies häufig bei den radikalen Demokraten aus dem Bürgertum der Fall ist. Es wäre unsinnig, zu glauben, daß man in einer Gesellschaft, die auf schrankenloser Unterdrückung und Verrohung der Arbeitermassen aufgebaut ist, die religiösen Vorurteile rein propagandistisch zerstreuen könne. Es wäre bürgerliche Beschränktheit, zu vergessen, daß der auf der Menschheit lastende Druck der Religion nur das Produkt und die Widerspieglung des ökonomischen Druckes innerhalb der Gesellschaft ist. Durch keine Broschüren, durch keine Propaganda kann man das Proletariat aufklären, wenn es nicht durch seinen eigenen Kampf gegen die finsteren Gewalten des Kapitalismus aufgeklärt wird. Die Einheitlichkeit dieses wirklichen revolutionären Kampfes der unterdrückten Klasse für die Schaffung eines Paradieses auf Erden ist uns wichtiger als die Einheitlichkeit der Meinungen der Proletarier über das Paradies im Himmel.

Das ist der Grund, warum wir in unserem Programm nichts über unseren Atheismus verlautbaren und nichts verlautbaren dürfen; das ist der Grund, warum wir den Proletariern, die noch diese oder jene Überbleibsel der alten Vorurteile bewahrt haben, die Annäherung an unsere Partei nicht verbieten und nicht verbieten dürfen. Die wissenschaftliche Weltanschauung werden wir immer propagieren, die Inkonsequenz irgendwelcher „Christen" zu bekämpfen, ist für uns unerläßlich; aber das bedeutet keineswegs, daß man die religiöse Frage an die erste Stelle, die ihr durchaus nicht zukommt, rücken muß, daß man die Zersplitterung der Kräfte des wirklich revolutionären, des ökonomischen und politischen Kampfes, um drittrangiger Meinungen oder abgeschmackter Einbildungen willen zulassen darf, die ja rasch jede politische Bedeutung verlieren und durch den Gang der ökonomischen Entwicklung selbst rasch in die Rumpelkammer geworfen werden.

Die reaktionäre Bourgeoisie hat überall danach getrachtet und beginnt jetzt auch bei uns danach zu trachten, religiösen Haß zu entfachen, um die Aufmerksamkeit der Massen von den tatsächlich wichtigen und grundlegenden ökonomischen und politischen Fragen, deren Lösung das in seinem revolutionären Kampfe sich praktisch vereinigende gesamtrussische Proletariat jetzt in Angriff nimmt, auf das religiöse Gebiet abzulenken. Diese reaktionäre Politik der Zersplitterung der proletarischen Kräfte, die sich heute hauptsächlich in den Pogromen der Schwarzen Hunderte äußert, wird morgen vielleicht auch irgendwelche feinere Formen ersinnen. Wir werden ihr in jedem Fall die ruhige, beharrliche und geduldige, jeder Aufbauschung untergeordneter Meinungsverschiedenheiten fernstehende Propaganda der proletarischen Solidarität und der wissenschaftlichen Weltanschauung entgegensetzen.

Das revolutionäre Proletariat wird es durchsetzen, daß die Religion für den Staat wirklich Privatsache wird. Und unter diesem, vom mittelalterlichen Moder gesäuberten politischen Regime wird das Proletariat einen großzügigen, offenen Kampf für die Beseitigung der wirtschaftlichen Sklaverei, dieser wahren Quelle der religiösen Verdummung der Menschheit, aufnehmen.

„Nowaja Shisn", Nr. 28
16. (3.) Dezember 1905
Gezeichnet: N. Lenin

Aus: Lenin, Sämtl. Werke, Bd. VIII, deutsch, Wien—Berlin 1931; S. 566—571

II.

Die „Mission" des Kapitalismus

Zum Schluß haben wir noch die Frage zu erledigen, die in der Literatur als die Frage der „Mission" des Kapitalismus, d. h. der geschichtlichen Rolle des Kapitalismus in der wirtschaftlichen Entwicklung Rußlands bekannt ist. Die Anerkennung des fortschrittlichen Charakters dieser Rolle ist (wie wir auf jeder Stufe unserer sachlichen Darlegungen eingehend zu zeigen versucht haben) mit der völligen Erkenntnis der negativen und Schattenseiten des Kapitalismus, mit der völligen Erkenntnis der dem Kapitalismus unvermeidlich anhaftenden tiefen und allseitigen gesellschaftlichen Widersprüche, die den geschichtlichen Übergangscharakter dieses Wirtschaftssystems aufdecken, völlig vereinbar. Gerade die Narodniki, die sich nach Kräften bemühten, die Sache so darzustellen, als ob die Anerkennung der geschichtlichen Fortschrittlichkeit des Kapitalismus einer Apologetik, einer Verteidigung des Kapitalismus gleichkäme — gerade diese Narodniki lassen sich eine Unterschätzung (mitunter auch ein Verschweigen) der tiefsten Widersprüche des russischen Kapitalismus dadurch zuschulden kommen, daß sie die Zersetzung der Bauernschaft, den kapitalistischen Charakter unserer landwirtschaftlichen Entwicklung, die Bildung einer ländlichen und industriellen Lohnarbeiterklasse mit Landanteil verschleiern und die volle Herrschaft der primitivsten und übelsten Formen des Kapitalismus in der hochgerühmten „Hausindustrie“ bemänteln.

Die fortschrittliche historische Rolle des Kapitalismus kann man in zwei kurzen Sätzen zusammenfassen: Steigerung der Produktivkräfte der gesellschaftlichen Arbeit und ihre Vergesellschaftung. Aber diese beiden Dinge treten auf den verschiedenen Gebieten in den verschiedensten Formen in Erscheinung.

Die Entwicklung der Produktivkräfte der gesellschaftlichen Arbeit ist in voller Ausgeprägtheit erst in der Epoche der maschinellen Großindustrie zu beobachten. Bis zu diesem höchsten Stadium des Kapitalismus haben sich noch Handbetrieb und primitive Technik erhalten, die ohne jeden Plan und außerordentlich langsam fortschritt. Die Zeit nach der Reform unterscheidet sich in dieser Beziehung scharf von den früheren Abschnitten der russischen Geschichte. Das Rußland des Holzpfluges und des Dreschflegels, der Wassermühle und des Handwebstuhls verwandelte sich rasch in das Rußland des Eisenpfluges und der Dreschmaschine, der Dampfmühle und des mechanischen Webstuhls. Es gibt nicht einen Zweig der der kapitalistischen Produktion unterworfenen Volkswirtschaft, in dem nicht eine ebenso vollständige Umbildung der Technik zu beobachten wäre. Der Prozeß dieser Umgestaltung kann sich bei der ganzen Natur des Kapitalismus nur unter einer Reihe von Ungleichmäßigkeiten und Unproportionalitäten vollziehen. Perioden der Blüte wechseln mit Krisenperioden ab, die Entwicklung des einen Industriezweiges führt zum Verfall eines anderen Industriezweiges, der Fortschritt der Landwirtschaft ergreift in diesem Bezirk die eine, in jenem Bezirk die andere Seite der Landwirtschaft, das Wachstum von Handel und Industrie überholt das Wachstum der Landwirtschaft usw. Eine ganze Reihe von Fehlern der Narodniki-Schriftsteller ergibt sich aus ihren Versuchen, den Beweis zu erbringen, daß eine solche unproportionale, sprunghafte, risikovolle Entwicklung überhaupt keine Entwicklung sei[1]).

Eine andere Eigentümlichkeit der Entwicklung der gesellschaftlichen Produktivkräfte durch den Kapitalismus ist die, daß die Zunahme der Produktionsmittel (der produktiven Konsumption) die Zunahme der individuellen Konsumption weit überholt: wir haben mehr als einmal gezeigt, wie dieser Vorgang sowohl in der Landwirtschaft als auch in der Industrie zum Ausdruck kommt. Diese Eigentümlichkeit ergibt sich aus den allgemeinen Gesetzen der Realisierung des Produkts in der kapitalistischen Gesellschaft und befindet sich in völliger Übereinstimmung mit der antagonistischen Natur dieser Gesellschaft[2]).

---

[1]) „Sehen wir zu . . ., was uns die weitere Entwicklung des Kapitalismus bringen kann, sogar in dem Falle, daß es uns gelänge, England ins Meer zu versenken und seinen Platz einzunehmen" (N.—on, „Skizzen", S. 210). In der Baumwollindustrie Englands und Amerikas, die zwei Drittel des Weltbedarfs befriedigt, sind im ganzen etwas über 600 000 Personen beschäftigt. „Es ergibt sich also, daß sogar in dem Falle, daß wir den bedeutendsten Teil des Weltmarktes innehätten, . . . der Kapitalismus doch nicht imstande wäre, die ganze Masse der Arbeitskräfte zu exploitieren, die er jetzt ununterbrochen der Arbeit beraubt. Was bedeuten in der Tat einige 600 000 englische und amerikanische Arbeiter im Vergleich mit den Millionen von Bauern, die monatelang ohne Beschäftigung dasitzen" (S. 211).

„Bis heute gab es Geschichte, von nun ab nicht mehr." Bis heute wurde jeder Schritt in der Entwicklung der Textilindustrie begleitet von der Zersetzung der Bauernschaft, vom Wachstum der Markt-Landwirtschaft und des landwirtschaftlichen Kapitalismus, von der Heranziehung von ‚Millionen Bauern' zu ‚Bauarbeiten', zu forstwirtschaftlichen und sonstigen nichtlandwirtschaftlichen Lohnarbeiten, von der Übersiedelung ganzer Volksmassen in die Randgebiete und von der Umwandlung dieser Randgebiete in einen Markt für den Kapitalismus. Aber alles dies war nur bis heute, jetzt hat es damit ein Ende!

[2]) Die Nichtbeachtung der Bedeutung der Produktionsmittel und die unkritische Behandlung der „Statistik" haben die folgende, keinerlei Kritik standhaltende Behauptung N.—ons heraufbeschworen: „. . . die gesamte (!) kapitalistische Produktion auf dem Gebiete der verarbeitenden Industrie produziert im besten Falle neue Werte im Betrage von 400—500 Millionen Rubel" („Skizzen", S. 328). N.—on stützt diese Berechnung auf die Zahlen der dreiprozentigen Abgabe und der Umlagesteuer, ohne sich Rechenschaft darüber zu geben, ob derartige Angaben „die gesamte kapitalistische Produktion auf dem Gebiete der verarbeitenden Industrie" zu umfassen vermögen. Nicht genug damit, er nimmt Angaben, die nach seinen eigenen Worten den Bergbau nicht einbeziehen, und nichtsdestoweniger rechnet er nur den Mehrwert und das variable Kapital zu den „neuen Werten". Unser Theoretiker hat vergessen, daß auch das konstante Kapital in den Industriezweigen, welche Gegenstände der individuellen Konsumtion erzeugen, für die Gesellschaft einen neuen Wert darstellt, der gegen Mehrwert und variables Kapital derjenigen Industriezweige ausgetauscht wird, die Produktionsmittel herstellen (Bergbau, Bauindustrie,

Die Vergesellschaftung der Arbeit durch den Kapitalismus tritt in den folgenden Prozessen in Erscheinung. Erstens beseitigt schon das Anwachsen der Warenproduktion die der Naturalwirtschaft eigentümliche Zersplitterung der kleinen wirtschaftlichen Einheiten und vereinigt die kleinen örtlichen Märkte zum gewaltigen nationalen Markt (und späterhin zum Weltmarkt). Produktion für den eigenen Bedarf verwandelt sich in Produktion für die ganze Gesellschaft, und je höher der Kapitalismus entwickelt ist, desto stärker wird der Widerspruch zwischen diesem gesellschaftlichen Charakter der Produktion und dem individuellen Charakter der Aneignung. Zweitens setzt der Kapitalismus an die Stelle der zersplitterten Produktion eine bis dahin unerhörte Konzentration der Produktion sowohl in der Landwirtschaft als auch in der Industrie. Es ist dies die am grellsten und deutlichsten hervortretende, aber keineswegs einzige Auswirkung der hier betrachteten Eigentümlichkeit des Kapitalismus. Drittens verdrängt der Kapitalismus jene Formen der persönlichen Abhängigkeit, die ein untrennbarer Bestandteil der vorangegangenen Wirtschaftssysteme waren. In Rußland zeigt sich die Fortschrittlichkeit des Kapitalismus in dieser Beziehung besonders scharf, da die persönliche Abhängigkeit des Produzenten bei uns nicht nur in der Landwirtschaft, sondern auch in der verarbeitenden Industrie („Fabriken" mit Leibeigenen), in der Bergbauindustrie, im Fischereiwesen[1]) usw. bestand (und teilweise auch jetzt noch besteht). Im Vergleich mit der Arbeit des abhängigen oder in Schuldknechtschaft steckenden Bauern stellt die Arbeit des freien Lohnarbeiters an und für sich auf allen Gebieten der Volkswirtschaft eine fortschrittliche Erscheinung dar. Viertens schafft der

---

Forstwirtschaft, Bau von Eisenbahnen usw.). Hätte N.—on nicht die Zahl der „Fabrikarbeiter" mit der Gesamtzahl der Arbeiter verwechselt, die in der verarbeitenden Industrie kapitalistisch beschäftigt werden, so hätte er die Unrichtigkeit seiner Berechnungen leicht bemerken können.

[1]) Z. B. galt in einem Hauptzentrum des russischen Fischfangs, an der Murmanküste, der „Pokrut" (eine besondere Art des Verdingens im Zusammenhang mit Ausstattung mit Geräten für den Fischfang. D. Red.) als eine „uralte" und wirklich „durch die Jahrhunderte geheiligte" Form der wirtschaftlichen Beziehungen; diese Form war bereits im siebzehnten Jahrhundert vollständig ausgebildet und hat sich bis in die jüngste Zeit fast unverändert erhalten. „Das Verhältnis der ‚Pokrut'-Abhängigen zu ihren Brotherren beschränkt sich nicht nur auf die Arbeitszeit: im Gegenteil, es umfaßt das ganze Leben der ‚Pokrut'-Abhängigen, die in ewiger wirtschaftlicher Abhängigkeit von ihren Brotherren stehen" („Sammlung von Material über das russische Artelwesen", Lief. 2, St. Petersburg 1874, S. 33). Glücklicherweise zeichnet sich der Kapitalismus auch in diesem Zweige durch ein offensichtlich „geringschätziges Verhalten gegenüber seiner eigenen geschichtlichen Vergangenheit" aus. „Das Monopol . . . wird durch eine kapitalistische Organisation des Gewerbes mit freien Lohnarbeitern ersetzt" („Produktivkräfte", V, S. 2—4).

Kapitalismus mit Notwendigkeit eine Beweglichkeit der Bevölkerung, die die früheren gesellschaftlichen Wirtschaftssysteme nicht erheischten und unter ihrer Herrschaft in nennenswertem Umfang auch unmöglich gewesen wäre. Fünftens vermindert der Kapitalismus ständig die in der Landwirtschaft beschäftigte Bevölkerung (in der Landwirtschaft herrschen immer die rückständigsten Formen der sozialökonomischen Verhältnisse), vermehrt er die Zahl der großen Industriezentren. Sechstens vergrößert die kapitalistische Gesellschaft das Bedürfnis der Bevölkerung nach Verbindung und Vereinigung und verleiht diesen Vereinigungen im Vergleich zu den Vereinigungen der früheren Zeiten einen besonderen Charakter. Die engen, örtlichen, ständischen Verbände der mittelalterlichen Gesellschaft sprengend, eine erbitterte Konkurrenz schaffend, spaltet der Kapitalismus gleichzeitig die ganze Gesellschaft in große Gruppen von Personen, die eine verschiedene Stellung in der Produktion einnehmen, und gibt einen gewaltigen Anstoß zur Vereinigung innerhalb jeder dieser Gruppen[1]). Siebentens führen alle erwähnten Veränderungen der alten Wirtschaftsordnung durch den Kapitalismus unvermeidlich auch zu einer Veränderung des geistigen Antlitzes der Bevölkerung. Der sprunghafte Charakter der wirtschaftlichen Entwicklung, die schnelle Umbildung der Produktionsweisen und die gewaltige Konzentration der Produktion, die Zerstörung der verschiedensten Formen der persönlichen Abhängigkeit und der patriarchalischen Beziehungen, die Beweglichkeit der Bevölkerung, der Einfluß der großen Industriezentren usw. — alles das muß zu einer tiefgreifenden Veränderung auch des Charakters des Produzenten führen, und wir hatten bereits Gelegenheit, die entsprechenden Beobachtungen russischer Forscher mitzuteilen.

Wenden wir uns wieder der Narodniki-Ökonomie zu, mit deren Vertretern wir ständig zu polemisieren hatten, so können wir die Ursachen der zwischen ihnen und uns bestehenden Meinungsverschiedenheiten folgendermaßen zusammenfassen. Erstens: schon die Auffassung der Narodniki vom Entwicklungsgang gerade des russischen Kapitalismus und ebenso ihre Vorstellung von der Wirtschaftsordnung, die in Rußland dem Kapitalismus vorangegangen ist, können wir nicht anders denn als unbedingt falsch bezeichnen; besondere Wichtigkeit messen wir da von unserem Standpunkte der Tatsache bei, daß die Narodniki die kapitalistischen Widersprüche in der Struktur der bäuerlichen Wirtschaft (sowohl der landwirt-

1) Siehe „Studien", S. 91, Anmerkung 85, S. 198. (S. „Sämtl. Werke", Bd. II, „Zur Charakteristik des ökonomischen Romantismus", Kap. II, § 5, die ersten 3 Seiten, und „Die Zählung in der ländlichen Hausindustrie von 1894—95 im Gouvernement Perm usw.", 3. Artikel, 8. Kap., letzte Seite. D. Red.).

schaftlichen als auch der gewerblichen) nicht beachten. Was nun weiter die Frage betrifft, ob das Entwicklungstempo des russischen Kapitalismus als langsam oder schnell zu bezeichnen ist, so hängt die Antwort davon ab, womit man diese Entwicklung vergleicht. Wenn man die vorkapitalistische Epoche in Rußland mit der kapitalistischen Epoche vergleicht (und gerade ein solcher Vergleich ist für eine richtige Beantwortung der Frage notwendig), so muß man die Entwicklung der Volkswirtschaft unter dem Kapitalismus als außerordentlich rasch bezeichnen. Wenn wir jedoch diese Schnelligkeit der Entwicklung mit der Schnelligkeit vergleichen, die bei dem modernen Stande der Technik und Kultur überhaupt möglich wäre, so müssen wir die Entwicklung des russischen Kapitalismus tatsächlich als langsam ansehen. Und sie kann nicht anders als langsam sein, denn in keinem einzigen kapitalistischen Lande haben sich in solchem Überflusse veraltete Einrichtungen erhalten, die mit dem Kapitalismus unvereinbar sind, seine Entwicklung aufhalten und die Lage der Produzenten maßlos verschlechtern, die „zu gleicher Zeit unter dem Kapitalismus wie auch unter der ungenügenden Entwicklung des Kapitalismus leiden". Endlich liegt die vielleicht tiefste Ursache unserer Meinungsverschiedenheiten mit den Narodniki in der Verschiedenheit der Grundauffassungen über die sozialökonomischen Vorgänge. Bei der Untersuchung dieser Vorgänge zieht der Narodnik gewöhnlich diese oder jene moralisierenden Schlüsse; er sieht in den verschiedenen an der Produktion beteiligten Personengruppen nicht die Schöpfer der einen oder der anderen Lebensformen; er stellt sich nicht die Aufgabe, die Gesamtheit der sozialökonomischen Beziehungen als Resultat der Wechselbeziehungen zwischen diesen Gruppen mit ihren verschiedenen Interessen und ihrer verschiedenen historischen Rolle darzustellen . . . Wenn es dem Schreiber dieser Zeilen geglückt sein sollte, einiges Material zur Klärung dieser Fragen beigetragen zu haben, so darf er seine Mühe nicht als vergeblich betrachten.

Aus: Lenin, Ausgew. Werke, Bd. I, deutsch, Wien 1932; S. 241—247.

III.

Aus: Was sind die Volksfreunde?

Die sozialistische Intelligenz kann nur dann auf eine fruchtbringende Arbeit rechnen, wenn sie diesen Illusionen ein Ende macht und daran geht, ihre Stütze in der wirklichen, nicht aber in der erwünschten Entwicklung Rußlands, in den wirklichen, nicht aber in den möglichen sozial-ökonomischen Verhältnissen zu suchen. Ihre *theoretische* Arbeit muß dabei in der konkreten Erforschung aller Formen des wirtschaftlichen Antagonismus in Rußland, in der Erforschung ihres Zusammenhangs und ihrer folgerichtigen Entwicklung bestehen; sie muß diesen Antagonismus überall bloßlegen, wo er durch die politische Geschichte, durch die Besonderheiten der Rechtsordnung und durch theoretische Vorurteile verhüllt wird. Sie muß ein abgerundetes Bild unserer Wirklichkeit als eines bestimmten Systems von Produktionsverhältnissen geben, muß die Notwendigkeit der Exploitation und Expropriation der Werktätigen unter diesem System und jenen Ausweg aus diesen Zuständen zeigen, den die wirtschaftliche Entwicklung weist.

Diese Theorie, begründet auf der detaillierten und eingehenden Erforschung der russischen Geschichte und Wirklichkeit, muß auf die Fragen, die das Proletariat stellt, eine Antwort geben, und wenn sie den wissenschaftlichen Anforderungen entspricht, so wird jedes Erwachen des sich auflehnenden Denkens des Proletariats dieses Denken unvermeidlich in das Flußbett der sozialdemokratischen Anschauungen leiten. Je weiter die Ausarbeitung dieser Theorie fortschreitet, umso schneller werden die sozialdemokratischen Anschauungen an Boden gewinnen, da auch die schlausten Hüter der heutigen Ordnung nicht imstande sind, das Erwachen des proletarischen Denkens zu verhindern. Und zwar deshalb nicht zu verhindern imstande sind, weil diese Ordnung selbst notwendigerweise und unvermeidlich eine stets zunehmende Expropriation der Produzenten und ein sich beschleunigendes Anwachsen des Proletariats und seiner Reservearmee mit sich bringt. Diese Erscheinung geht Hand in Hand mit dem Wachsen des gesellschaftlichen Reichtums, der gewaltigen Zunahme der Produktivkräfte und der Vergesellschaftung der Arbeit durch den Kapitalismus. Wieviel auch noch zur Ausarbeitung einer solchen Theorie zu tun übrig geblieben ist — eine Bürgschaft dafür, daß die Sozialisten diese Arbeit vollenden werden, ist die Verbreitung des Materialismus in ihren Reihen, der einzigen wissenschaftlichen Methode, die verlangt, daß jedes Programm eine genaue Formulierung des tatsächlichen Prozesses sei; eine Bürgschaft dafür ist auch der Erfolg der Sozialdemokratie, die diese Ideen akzeptiert, ein Erfolg, der unsere Liberalen und Demokraten derart in Unruhe versetzt hat, daß ihre dicken Zeitschriften, wie ein Marxist bemerkte, aufgehört haben, langweilig zu sein.

Mit dieser Betonung der Notwendigkeit, Wichtigkeit und gewaltigen Größe der theoretischen Arbeit der Sozialdemokraten will ich keineswegs sagen, diese Arbeit müsse an erster Stelle, vor der *praktischen,* kommen[1]), noch weniger, daß die zweite bis zur Vollendung der ersten aufgeschoben werden soll. So könnten nur Anbeter der „subjektiven Methode in der Soziologie" oder Anhänger des utopischen Sozialismus schlußfolgern. Selbstverständlich, wenn die Aufgabe der Sozialisten darin gesehen wird, „andere (außer den tatsächlichen) Entwicklungswege" des Landes zu suchen, so ist es natürlich, daß die praktische Arbeit erst dann möglich wird, wenn geniale Philosophen diese „anderen Wege" finden und zeigen; und umgekehrt, sind diese Wege gefunden und gezeigt, dann hört die theoretische Arbeit auf und beginnt die Tätigkeit jener, die das „Vaterland" auf den „neuentdeckten" „anderen Weg" führen sollen. Ganz anders steht die Frage, wenn die Aufgabe der Sozialisten darin bestehen soll, die ideellen Führer des Proletariats in seinem wirklichen Kampfe gegen die wirklichen, tatsächlichen Feinde zu sein, die den wirklichen Weg der gegebenen sozialökonomischen Entwicklung beschritten haben. Unter dieser Bedingung verschmelzen theoretische und praktische Arbeit in eine Arbeit, die der Veteran der deutschen Sozialdemokratie, Liebknecht, so treffend mit den Worten gekennzeichnet hat:

Studieren, Propagandieren, Organisieren[2]).

Ohne die oben erwähnte theoretische Arbeit kann man kein ideeller Führer sein, wie man es auch nicht sein kann, ohne diese Arbeit den Bedürfnissen der Sache anzupassen, ohne die Ergebnisse dieser Theorie unter den Arbeitern zu propagieren und bei der Organisierung der Arbeiter mitzuhelfen.

Diese Fragestellung sichert die Sozialdemokratie gegen jene Mängel, an denen andere sozialistische Gruppen so oft leiden — gegen Dogmatismus und Sektiererei.

Es kann keinen Dogmatismus geben, wenn zum obersten und einzigen Kriterium einer Lehre ihre Übereinstimmung mit dem wirklichen Prozeß der sozialen und ökonomischen Entwicklung gemacht wird; es kann keine Sektiererei geben, wenn die Aufgabe darin besteht, zur Organisierung des Proletariats beizutragen, wenn folglich die Rolle der „Intelligenz" darin besteht, besondere intellektuelle Führer überflüssig zu machen.

---

1) Im Gegenteil. An erster Stelle steht unbedingt stets die praktische Arbeit der Propaganda und Agitation, aus dem Grunde, weil erstens die theoretische Arbeit nur die Antworten auf jene Fragen erteilt, die von der zweiten gestellt werden. Zweitens aber werden die Sozialdemokraten durch von ihnen unabhängige Umstände allzuoft gezwungen, sich allein auf die theoretische Arbeit zu beschränken, um nicht jeden Augenblick zu schätzen, wo eine praktische Arbeit möglich ist.

2) Diese drei Worte bei Lenin deutsch. D. Red.

Trotz der Meinungsverschiedenheiten unter den Marxisten in verschiedenen theoretischen Fragen sind deshalb die Methoden ihrer politischen Tätigkeit seit dem ersten Augenblick der Entstehung der Gruppe bis heute dieselben geblieben.

Die politische Tätigkeit der Sozialdemokraten besteht darin, an der Entwicklung und Organisierung der Arbeiterbewegung Rußlands mitzuarbeiten und sie aus dem Stadium zersplitterter, führender Ideen entbehrender Protestversuche, „Rebellionen" und Streiks herauszuführen zum organisierten Kampf der g e s a m t e n russischen Arbeiter k l a s s e gegen die bürgerliche Ordnung, für die Expropriation der Expropriateure und für die Aufhebung jener gesellschaftlichen Zustände, in denen die Unterdrückung des Werktätigen wurzelt. Die Grundlage dieser Tätigkeit besteht in der allgemeinen Überzeugung der Marxisten, daß der russische Arbeiter der einzige und natürliche Vertreter der gesamten werktätigen und ausgebeuteten Bevölkerung Rußlands ist[1]).

Der natürliche — weil die Ausbeutung des Werktätigen in Rußland i n i h r e m W e s e n ü b e r a l l k a p i t a l i s t i s c h i s t, wenn man die absterbenden Überreste der fronherrlichen Wirtschaft beiseite läßt; aber die Ausbeutung der Masse der Produzenten findet in kleinem Maßstabe statt, ist zersplittert und unentwickelt, während die Ausbeutung des Fabrikproletariats im großen Maßstabe stattfindet, vergesellschaftet und konzentriert ist. Im ersten Falle steckt diese Ausbeutung noch in mittelalterlichen Formen, ist sie überhäuft mit verschiedenem politischen, juridischen und sozialen Beiwerk, mit Schlichen und Kniffen, die den Werktätigen und seinen Ideologen hindern, das Wesen der den Werktätigen bedrückenden Zustände zu erkennen, zu erkennen, wo und wie ein Ausweg aus ihnen möglich ist. Im zweitgenannten Falle ist dagegen die Ausbeutung bereits vollständig entwickelt und tritt in ihrer reinen Gestalt hervor, ohne jede sie verwirrenden Einzelheiten. Hier kann der Arbeiter nicht umhin zu erkennen, daß ihn das K a p i t a l unterdrückt und daß der Kampf gegen die K l a s s e der Bourgeoisie geführt werden muß. Und dieser sein Kampf, dessen Ziel die Befriedigung der unmittelbarsten wirtschaftlichen Nöte, die Verbesserung seiner materiellen Lage ist, erfordert von den Arbeitern unvermeidlich eine Organisation, wird unvermeidlich zu einem Krieg nicht gegen eine Person, sondern gegen eine

---

[1]) Der Mensch der Zukunft ist in Rußland der Bauer, glaubten die Vertreter des bäuerlichen Sozialismus, die Narodniki, im weitesten Sinne jenes Wortes. Der Mensch der Zukunft ist in Rußland der Arbeiter, glauben die Sozialdemokraten. So ist der Standpunkt der Marxisten in einer unveröffentlichten Schrift formuliert worden.

K l a s s e , eben gegen jene Klasse, die nicht allein in den Fabriken und Werken, sondern allüberall den Werktätigen unterdrückt und unterjocht. Eben deshalb ist der Fabrikarbeiter nicht mehr und nicht weniger als der vorgeschrittene Vertreter der gesamten ausgebeuteten Bevölkerung, und damit er diese seine Aufgabe als Vertreter in einem organisierten, ausdauernden Kampfe verwirkliche, ist es keineswegs erforderlich, daß er sich von irgendwelchen „Perspektiven" hinreißen lasse; dazu ist nur erforderlich, daß man i h n einfach ü b e r s e i n e L a g e , über die politisch-ökonomische Struktur des ihn unterdrückenden Systems und über die Notwendigkeit und Unvermeidlichkeit des Klassenantagonismus unter diesem System a u f k l ä r e. Diese Stellung des Fabrikarbeiters im Gesamtsystem der kapitalistischen Verhältnisse macht ihn zum einzigen Kämpfer für die Befreiung der Arbeiterklasse, weil nur das höchste Entwicklungsstadium des Kapitalismus, die maschinelle Großindustrie, die für diesen Kampf notwendigen materiellen Bedingungen und sozialen Kräfte hervorbringt. In allen übrigen Fällen, bei rückständigeren Entwicklungsformen des Kapitalismus, fehlen diese materiellen Bedingungen; die Produktion ist in Tausende kleinster Wirtschaften zersplittert (die auch bei den nivellierendsten Formen des in der Dorfgemeinschaft vereinigten Grund b e s i t z e s nicht aufhören, zersplitterte W i r t s c h a f t e n zu sein), der Ausgebeutete besitzt meistens noch eine zwerghafte Wirtschaft und wird so an dasselbe kapitalistische System gefesselt, gegen das der Kampf geführt werden muß. Das hindert und erschwert die Entwicklung jener sozialen Kräfte, die imstande sind, den Kapitalismus zu stürzen. Die zersplitterte, vereinzelte, in kleinem Maßstab stattfindende Ausbeutung fesselt die Werktätigen an eine Stelle, isoliert sie und macht es ihnen unmöglich, ihre Klassensolidarität zu begreifen, sie gibt ihnen nicht die Möglichkeit, sich zu vereinigen, auch wenn sie erkannt haben, daß die Ursache der Unterdrückung nicht diese oder jene Person, sondern das ganze Wirtschaftssystem ist. Dagegen sprengt der Großkapitalismus unvermeidlich jede Verbindung des Arbeiters mit der alten Gesellschaft, mit einem bestimmten Orte und einem bestimmten Ausbeuter; er vereinigt ihn, zwingt ihn zum Denken und setzt ihn Bedingungen aus, die es ermöglichen, einen organisierten Kampf zu beginnen. Und eben der Arbeiterklasse wenden die Sozialdemokraten alle ihre Aufmerksamkeit und alle ihre Tätigkeit zu. Wenn die vorgeschrittenen Vertreter der Arbeiterklasse sich die Ideen des wissenschaftlichen Sozialismus, die Idee der geschichtlichen Rolle des russischen Arbeiters angeeignet, wenn diese Ideen eine weite Verbreitung erlangt und die Arbeiter feste Organisationen gegründet und diese den heutigen zersplitterten wirtschaftlichen Kampf der Arbeiter in den bewußten Klassenkampf verwandelt haben werden — dann wird der russische *Arbeiter* an der Spitze aller demokratischen Elemente den Absolutismus stürzen und das *russische Proletariat* (Schulter an Schulter mit dem Proletariat *der ganzen Welt) auf dem* direkten Wege des offenen politischen Kampfes der *siegreichen kommunistischen Revolution* entgegenführen.

Aus: Lenin, Ausgew. Werke, Bd. I, Wien 1932; S. 316—320.

IV.

Aus: Sozialismus und Anarchismus

Dem Wesen der Sache nach bildet der Arbeiterdeputiertenrat ein nicht festgelegtes, breites Kampfbündnis der Sozialisten und revolutionären Demokraten, wobei freilich das „parteilose revolutionäre Element" eine ganze Reihe von Übergangsstufen zwischen den einen und den anderen verdeckt. Die Notwendigkeit eines solchen Bündnisses für die Führung von politischen Streiks und anderen aktiveren Formen des Kampfes für die dringenden, von der überwiegenden Majorität des Volkes anerkannten und gebilligten demokratischen Forderungen ist offensichtlich. Die Anarchisten würden in diesem Bündnis nicht ein Plus, sondern ein Minus sein, sie würden lediglich Desorganisation hineinbringen und würden dadurch die Wucht des allgemeinen Vorstoßes schwächen; für sie ist die Notwendigkeit und Wichtigkeit politischer Reformen „noch eine Streitfrage". Das Fernhalten der Anarchisten von dem Kampfbündnis, das sozusagen unsere demokratische Revolution durchführt, ist vom Standpunkt und im Interesse dieser Revolution durchaus notwendig. In einem Kampfbündnis haben nur diejenigen Platz, die für das Ziel dieses Bündnisses kämpfen. Würden z. B. die „Kadetten" oder die „Partei der Rechtsordnung" sogar ein paar Hundert Arbeiter in ihren Petersburger Organisationen zählen, so könnte der Vollzugsausschuß des Arbeiterdeputiertenrates wohl kaum den Vertretern solcher Organisationen Zutritt gewähren.

Zur Erklärung seines Beschlusses beruft sich der Vollzugsausschuß auf den Brauch der internationalen sozialistischen Kongresse. Wir begrüßen wärmstens diese Erklärung, diese Anerkennung der geistigen Leitung der internationalen Sozialdemokratie durch das Organ des Petersburger Arbeiterdeputiertenrates. Die russische Revolution hat bereits internationale Bedeutung erlangt. Die Gegner der Revolution in Rußland verschwören sich bereits mit Wilhelm II., mit allerhand Dunkelmännern, Unterdrückern, Soldatenschindern und Ausbeutern Europas gegen das freie Rußland. Auch wir wollen nicht vergessen, daß ein vollständiger Sieg unserer Revolution ein Bündnis des revolutionären Proletariats Rußlands mit den sozialistischen Arbeitern aller Länder erheischt.

Nicht umsonst haben die internationalen sozialistischen Kongresse Beschlüsse über Nichtzulassung der Anarchisten angenommen. Zwischen Sozialismus und Anarchismus liegt ein ganzer Abgrund, den die Lockspitzel der Geheimpolizei oder die Zeitungsknechte der reaktionären Regierung als nicht vorhanden hinstellen möchten. Die Weltanschauung der Anarchisten ist eine umgestülpte bürgerliche Weltanschauung. Ihre individualistischen Theorien, ihr individualistisches Ideal steht im direkten Gegensatz zum Sozialismus. Ihre Ansichten drücken nicht die Zukunft der bürgerlichen Ordnung aus, die unaufhaltsam zur Vergesellschaftung der Arbeit führt, sondern die Gegenwart, ja sogar die Vergangenheit dieser Ordnung, die Herrschaft des blinden Zufalls über den vereinzelten einsamen Kleinproduzenten. Ihre Taktik, die auf die Ablehnung des politischen Kampfes hinausläuft, spaltet die Proletarier und verwandelt sie in Wirklichkeit in passive Teilnehmer der einen oder andern bürgerlichen Politik, denn ein wirkliches Fernbleiben von der Politik ist für die Arbeiter unmöglich und undurchführbar.

In der jetzigen russischen Revolution tritt die Aufgabe des Zusammenschlusses der Kräfte des Proletariats, seiner Organisation, der politischen Schulung und Erziehung der Arbeiterklasse besonders dringend hervor. Je mehr Unheil die reaktionäre Regierung anrichtet, je eifriger ihre Lockspitzel an der Aufstachelung der dunklen Instinkte der unwissenden Masse arbeiten, je verzweifelter sich die Verfechter des bei lebendigem Leibe verwesenden Absolutismus an die Versuche klammern, die Revolution durch organisierte Pogrome, Plünderungen, Mordüberfälle und Verteilung von Schnaps an das arme Volk zu diskreditieren — um so wichtiger wird diese organisatorische Aufgabe, die vor allem der Partei des sozialistischen Proletariats zufällt. Wir werden daher auch alle Mittel des geistigen Kampfes anwenden, damit der Einfluß der Anarchisten auf die russischen Arbeiter ebenso nichtig bleibe, wie er es bisher war.

8. Dezember (25. November) 1905
„Nowaja Shisn", Nr. 21
Gezeichnet: N. Lenin

Aus: Lenin, Sämtl. Werke, Bd. VIII.
Wien—Berlin 1931, S. 553—555.

V.

Kleinbürgerlicher und proletarischer Sozialismus

In Europa hat heute unter den verschiedenen Lehren des Sozialismus der Marxismus die unumschränkte Herrschaft erlangt, und der Kampf für die Verwirklichung der sozialistischen Ordnung wird fast gänzlich als Kampf der Arbeiterklasse unter der Leitung der sozialdemokratischen Parteien geführt. Aber die unumschränkte Herrschaft des auf den Lehren des Marxismus begründeten proletarischen Sozialismus hat sich nicht mit einem Male durchgesetzt, sondern erst nach langem Kampfe mit allerhand rückständigen Lehren, mit dem kleinbürgerlichen Sozialismus, mit dem Anarchismus und so weiter. Vor etlichen dreißig Jahren war der Marxismus noch nicht einmal in Deutschland vorherrschend, wo im Grunde genommen noch vermischte eklektische, zwischen dem kleinbürgerlichen und dem proletarischen Sozialismus liegende Anschauungen überwogen. In den romanischen Ländern aber, in Frankreich, Spanien und Belgien, waren die unter den fortgeschritteneren Arbeitern am meisten verbreiteten Lehren des Proudhonismus, der Blanquismus und der Anarchismus, die offensichtlich den Standpunkt des Kleinbürgertums, nicht aber den des Proletariats zum Ausdruck brachten.

Was war nun die Ursache des raschen und vollen Sieges des Marxismus gerade in den letzten Jahrzehnten? Die gesamte Entwicklung der modernen Gesellschaft, die ökonomische wie die politische, die gesamte Erfahrung der revolutionären Bewegung und des Kampfes der unterdrückten Klassen haben mehr und mehr die Richtigkeit der marxistischen Anschauungen bestätigt. Der Verfall des Kleinbürgertums zog früher oder später unvermeidlich das Absterben jeglicher kleinbürgerlicher Vorurteile nach sich, das Wachsen des Kapitalismus und die Verschärfung des Klassenkampfes innerhalb der kapitalistischen Gesellschaft aber dienten als die beste Agitation für die Ideen des proletarischen Sozialismus.

Die Rückständigkeit Rußlands erklärt ganz natürlich die große Dauerhaftigkeit der verschiedenen rückständigeren Lehren des Sozialismus in unserem Lande. Die gesamte Geschichte des russischen revolutionären Gedankens im letzten Vierteljahrhundert ist die Geschichte des Kampfes des Marxismus gegen den kleinbürgerlichen Sozialismus der Narodniki. Und wenn das rasche Anwachsen und die erstaunlichen Erfolge der russischen Arbeiterbewegung dem Marxismus auch in Rußland schon den Sieg gebracht haben, so hat anderseits die Entwicklung der unzweifelhaft revolutionären

Bauernbewegung — insbesondere nach den berühmten Bauernaufständen in Kleinrußland im Jahre 1902 — eine gewisse Belebung des altersschwachen Narodnikitums zur Folge gehabt. Dieses altväterliche, mit dem modischen europäischen Opportunismus (Revisionismus, Bernsteinianertum, Marx-Kritik) aufgefrischte Narodnikitum bildet das ganze originelle geistige Gepäck der sogenannten Sozialrevolutionäre. Deshalb steht auch die Bauernfrage im Mittelpunkt des Streites der Marxisten sowohl mit den „reinen" Narodniki als auch mit den Sozialrevolutionären.

Das Narodnikitum war bis zu einem gewissen Grade eine in sich geschlossene und konsequente Lehre. Es leugnete die Herrschaft des Kapitalismus in Rußland, leugnete die Rolle der Fabrikarbeiter als der führenden Kämpfer des Gesamtproletariats, leugnete die Bedeutung der politischen Revolution und der bürgerlichen politischen Freiheit und predigte unmittelbar den aus der bäuerlichen Dorfgemeinschaft mit ihrer kleinbäuerlichen Wirtschaft hervorgehenden „sozialistischen Umsturz". Von dieser in sich geschlossenen Lehre sind jetzt nur mehr Brocken übrig; um sich aber im gegenwärtigen Streit zurechtzufinden und ihn nicht in leeres Wortgeplänkel ausarten zu lassen, müssen wir die allgemeinen und im Narodnikitum wurzelnden Grundlagen der Verirrungen unserer Sozialrevolutionäre immer im Auge behalten.

Der Mensch der Zukunft ist in Rußland der Bauer, glaubten die Narodniki, und diese Ansicht entsprang unausbleiblich dem Glauben an den sozialistischen Charakter der Dorfgemeinschaft, dem Nichtglauben an den kapitalistischen Weg. Der Mensch der Zukunft ist in Rußland der Arbeiter, dachten die Marxisten, und die Entwicklung des russischen Kapitalismus sowohl in der Landwirtschaft als auch in der Industrie bestätigt ihre Ansichten immer mehr und mehr. Die Arbeiterbewegung in Rußland hat sich nunmehr selbst ihre Anerkennung erzwungen, hinsichtlich der Bauernbewegung aber äußert sich der Abgrund zwischen dem Narodnikitum und dem Marxismus auch heute noch in der verschiedenen Auffassung dieser Bewegung. Für den Narodnik wird der Marxismus gerade durch die Bauernbewegung widerlegt, denn diese ist eben eine Bewegung für den unmittelbaren sozialistischen Umsturz; sie erkennt eben keinerlei bürgerliche politische Freiheit an; sie geht eben nicht vom Großbetrieb, sondern von der Kleinwirtschaft aus. Mit einem Wort, für den Narodnik ist die Bauernbewegung auch eine wirkliche, wahrhaft sozialistische und unmittelbar sozialistische Bewegung. Der Glaube der Narodniki an die bäuerliche Dorfgemeinschaft und der Narodniki-Anarchismus erklären vollkommen die Unvermeidlichkeit solcher Folgerungen.

Für den Marxisten jedoch ist die Bauernbewegung nicht eine sozialistische, sondern eine demokratische Bewegung. Sie erscheint auch in Rußland, so wie das in den anderen Ländern der Fall war, als unvermeidlicher Begleiter der demokratischen, ihrem gesellschaftlich-ökonomischen Inhalt nach bürgerlichen Revolution. Sie richtet sich keineswegs gegen die Grundlagen der bürgerlichen Ordnung, gegen die Warenwirtschaft, gegen das Kapital. Hingegen richtet sie sich gegen die alten, fronwirtschaftlichen vorkapitalistischen Verhältnisse im Dorfe und gegen den Großgrundbesitz als die Hauptstütze aller Überbleibsel der Leibeigenschaft. Der volle Sieg dieser Bauernbewegung beseitigt also nicht den Kapitalismus, sondern schafft im Gegenteil eine breitere Grundlage für seine Entwicklung, beschleunigt und verschärft die reinkapitalistische Entwicklung. Der volle Sieg des Bauernaufstandes kann bloß die Grundlage für die demokratische bürgerliche Republik schaffen, in der sich auch der Kampf des Proletariats gegen die Bourgeoisie erst in voller Reinheit entfalten wird.

So haben wir also zwei einander entgegengesetzte Anschauungen, über die sich jeder erst klar werden muß, der den prinzipiellen Abgrund, der zwischen Sozialrevolutionären und Sozialdemokraten klafft, untersuchen will. Nach der einen Ansicht ist die Bauernbewegung eine sozialistische, nach der anderen eine demokratisch-bürgerliche Bewegung. Hieraus kann man ersehen, welche Verständnislosigkeit unsere Sozialrevolutionäre beweisen, wenn sie zum hundertsten Male (vergleiche z. B. Nr. 75 der „Rewoluzionnaja Rossija“) wiederholen, daß die orthodoxen Marxisten irgendwann einmal die Bauernfrage „ignoriert“ haben (von ihr nichts wissen wollten). Gegen so grobe Unwissenheit gibt es bloß ein Mittel: das ABC wiederholen, die alten konsequenten Narodniki-Ansichten darlegen, zum hundertsten und tausendsten Male darauf hinweisen, daß der wirkliche Unterschied nicht darin besteht, ob man mit der Bauernfrage rechnet oder nicht mit ihr rechnen will, ob man sie anerkennt oder ignoriert, sondern in der verschiedenen Einschätzung der gegenwärtigen Bauernbewegung und der gegenwärtigen Bauernfrage in Rußland. Wer davon spricht, daß die Marxisten die Bauernfrage in Rußland „ignorieren“, ist erstens ein ausgesprochener Nichtwisser; denn alle wichtigen Werke der russischen Marxisten, mit Plechanows „Unsere Meinungsverschiedenheiten“ (vor mehr als zwanzig Jahren erschienen) angefangen, hatten vor allem gerade die Fehlerhaftigkeit der Narodniki-Ansichten über die russische Bauernfrage klarzulegen. Und zweitens beweist, wer vom „Ignorieren“ der Bauernfrage durch die Marxisten schwätzt, damit nur, daß er sich von der erschöpfenden Beurteilung der wirklichen prinzipiellen Meinungsverschiedenheiten zu drücken sucht: ob die heutige Bauernbewegung eine demokratisch-bürgerliche ist oder nicht; ob sie, ihrer objektiven Bedeutung nach, gegen die Überbleibsel der Leibeigenschaft gerichtet ist oder nicht.

Auf diese Frage haben die Sozialrevolutionäre niemals eine klare, bestimmte Antwort gegeben, und sie können es auch gar nicht, denn sie verwirren sich hoffnungslos zwischen den alten Anschauungen der Narodniki und denen der heutigen Marxisten über die Bauernfrage in Rußland. Eben deshalb erklären die Marxisten, daß die Sozialrevolutionäre auf einem kleinbürgerlichen Standpunkt stehen (als Ideologen des Kleinbürgertums), daß sie sich von den kleinbürgerlichen Illusionen, den Phantasien der Narodniki in der Beurteilung der Bauernbewegung nicht freimachen können.

Und deshalb müssen wir wieder beim ABC anfangen. Wonach strebt denn die gegenwärtige Bauernbewegung in Rußland? Nach Land und Freiheit. Welche Bedeutung wird der volle Sieg dieser Bewegung haben? Nach Erlangung der Freiheit wird sie die Herrschaft der Gutsbesitzer und der Bürokratie in der Staatsverwaltung beseitigen. Nachdem sie sich des Landes bemächtigt haben wird, wird sie den Großgrundbesitz den Bauern geben. Werden aber die vollständigste Freiheit und die vollständigste Expropriation der Gutsbesitzer (die Wegnahme des Großgrundbesitzes) die Warenwirtschaft beseitigen? Nein, sie werden sie nicht beseitigen. Werden die vollständigste Freiheit und die vollständigste Expropriation der Gutsbesitzer die Einzelwirtschaft der Bauernhöfe auf dem Boden der Dorfgemeinschaft oder auf dem „sozialisierten" Grund und Boden beseitigen? Nein, sie werden sie nicht beseitigen. Werden etwa die vollste Freiheit und die vollständigste Expropriation der Gutsbesitzer den tiefen Abgrund zwischen den reichen Bauern mit vielen Pferden und vielen Kühen und dem Landarbeiter, dem Knecht, d. h. zwischen der Dorfbourgeoisie und dem Dorfproletariat beseitigen? Nein, sie werden ihn nicht beseitigen. Im Gegenteil: je vollständiger die Zerschlagung und Vernichtung der höchsten *Schicht* (der Gutsbesitzer) sein wird, um so tiefer wird auch der *Klassen*unterschied zwischen der Bourgeoisie und dem Proletariat sein. Welche objektive Bedeutung wird der vollständige Sieg des Bauernaufstandes haben? Dieser Sieg wird alle Überbleibsel der Leibeigenschaft restlos vernichten, aber er wird ganz und gar nicht die bürgerliche Wirtschaft, nicht den Kapitalismus und auch nicht die Scheidung der Gesellschaft in Klassen, in Reiche und Arme, in Bourgeoisie und Proletariat, aufheben. Warum ist die gegenwärtige Bauernbewegung eine demokratisch-bürgerliche Bewegung? Weil sie durch die Vernichtung der Macht der Bürokratie und der Gutsbesitzer eine demokratische Gesellschaftsordnung schafft, ohne die bürgerlichen Grundlagen dieser demokratischen Gesellschaft zu verändern, ohne die Herrschaft des Kapitals zu vernichten. Wie muß sich der klassenbewußte Arbeiter, der Sozialist zu der gegenwärtigen Bauernbewegung verhalten? Er soll diese Bewegung unterstützen, den Bauern auf das allerenergischste helfen, bis zu Ende helfen, sowohl die Macht der Bürokratie als auch die der Gutsbesitzer gänzlich zu beseitigen. Gleichzeitig aber soll er den Bauern klarmachen, daß es noch nicht genügt, wenn man die Macht der Bürokratie und der Gutsbesitzer stürzt. Während man diese Macht stürzt, muß man sich gleichzeitig auf die Vernichtung der Macht des Kapitals, der Macht der Bourgeoisie vorbereiten; zu diesem Zwecke aber muß man unverzüglich in vollem Umfange die sozialistische, das heißt die marxistische Lehre verkünden und die ländlichen Proletarier zum Kampfe gegen die bäuerliche Bourgeoisie und gegen die gesamte russische Bourgeoisie vereinigen, zusammenschließen und organisieren. Kann denn der klassenbewußte Arbeiter den demokratischen Kampf um des sozialistischen oder den sozialistischen um des demokratischen Kampfes willen vergessen? Nein; der klassenbewußte Arbeiter nennt sich eben deshalb Sozialdemokrat, weil er die Beziehung des einen Kampfes zu dem anderen versteht. Er weiß, daß es keinen anderen Weg zum Sozialismus gibt als den über die Demokratie, über die politische Freiheit. Er trachtet eben deshalb nach vollständiger und konsequenter Verwirklichung der Demokratie, um der Erreichung des Endziels, des Sozialismus willen. Warum sind die Bedingungen des demokratischen Kampfes und die des sozialistischen Kampfes nicht die gleichen? Weil die Arbeiter in dem einen und in dem anderen Kampf immer verschiedene Verbündete haben werden. Den demokratischen Kampf führen die Arbeiter zusammen mit einem Teile der Bourgeoisie, insbesondere mit dem Kleinbürgertum, den sozialistischen Kampf aber werden die Arbeiter gegen die gesamte Bourgeoisie führen. Den Kampf gegen die Bürokratie und die Gutsbesitzer muß und soll man zusammen mit allen Bauern, selbst mit den wohlhabenden und mittleren, führen. Der Kampf gegen die Bourgeoisie aber, das heißt also auch gegen die wohlhabenden Bauern, kann nur zusammen mit dem ländlichen Proletariat aussichtsreich geführt werden.

Wenn wir alle diese elementaren Wahrheiten des Marxismus wieder in Erinnerung bringen, deren Untersuchung sich die Sozialrevolutionäre immer lieber zu entziehen suchen, so wird es uns schon leichter fallen, die folgenden „allerneuesten“ Einwendungen der Sozialrevolutionäre gegen den Marxismus entsprechend zu würdigen.

„Wozu" — ruft die „Rewoluzionnaja Rossija" (Nr. 75) aus — „war es nötig, zuerst den ‚Bauer überhaupt' gegen den Gutsbesitzer und dann (das heißt zu derselben Zeit) das Proletariat gegen den ‚Bauer' überhaupt zu unterstützen, anstatt gleich das Proletariat gegen die Großgrundbesitzer zu unterstützen? Worin da der Marxismus besteht, weiß Allah allein."

Das ist der Gesichtspunkt des allerprimitivsten, kindlichnaiven Anarchismus. Von der Vernichtung aller und jeglicher Ausbeutung „mit einem Schlage" träumt die Menschheit schon viele Jahrhunderte, ja Jahrtausende lang. Diese Träume aber blieben Träume, solange die Millionen der Ausgebeuteten sich nicht auf der ganzen Welt zu vereinigen begannen zum konsequenten, beharrlichen, allseitigen Kampf für die Umgestaltung der kapitalistischen Gesellschaft in der Richtung der eigenen Entwicklung dieser Gesellschaft. Die sozialistischen Träume verwandelten sich erst dann in den sozialistischen Kampf von Millionen Menschen, als der wissenschaftliche Sozialismus von Marx die umgestaltenden Tendenzen mit dem Kampf einer bestimmten Klasse verknüpfte. Außerhalb des Klassenkampfes ist der Sozialismus leere Phrase und naive Träumerei. Aber bei uns in R u ß l a n d haben wir zwei verschiedene Kampfesarten zweier verschiedener sozialer Kräfte vor uns. Überall, wo kapitalistische Produktionsverhältnisse bestehen (und solche gibt es, das sei unseren Sozialrevolutionären zur Kenntnis gebracht, sogar innerhalb der bäuerlichen Dorfgemeinschaft, also selbst auf diesem vom Gesichtspunkt der Sozialrevolutionäre am allermeisten „sozialisierten" Boden), kämpft das Proletariat gegen die Bourgeoisie. Die Bauernschaft, als Schicht kleiner Grundbesitzer, Kleinbürger, kämpft gegen alle Überbleibsel der Leibeigenschaft, gegen die Bürokratie und gegen die Grundherren. Diese zwei verschiedenen, verschiedenartigen sozialen Kämpfe können nur Leute übersehen, denen die politische Ökonomie und die Geschichte der Revolutionen auf der ganzen Welt etwas ganz Unbekanntes sind. Die Augen vor der Verschiedenartigkeit dieser Kämpfe mit dem Wörtchen „mit einem Schlage" verschließen, heißt den Kopf unter die Flügel stecken und auf jede Analyse der Wirklichkeit verzichten.

Die Sozialrevolutionäre, denen die Geschlossenheit der Anschauungen des alten Narodnikitums verlorengegangen ist, haben auch schon vieles von der Lehre der Narodniki selbst vergessen.

„Dadurch, daß er der Bauernschaft die Gutsbesitzer expropriieren hilft" — schreibt da die „Rewoluzionnaja Rossija" — „unterstützt Herr Lenin unbewußt die Einführung der kleinbürgerlichen Wirtschaft auf den Ruinen der schon mehr oder weniger entwickelten Formen der kapitalistischen Landwirtschaft. Ist das, vom Gesichtspunkt des orthodoxen Marxismus gesehen, nicht ‚ein Schritt zurück'?"

Schämt euch, ihr Herren! Ihr vergeßt ja ganz euren Herrn W. W.! Schaut doch in seinem „Schicksale des Kapitalismus", in dem „Abriß“ des Herrn Nikolai-on und in den übrigen Quellen eurer Weisheit nach! Dann werdet ihr euch erinnern, daß die grundherrliche Wirtschaft in Rußland kapitalistische und fronwirtschaftliche Züge in sich vereinigt. Ihr werdet dann erfahren, daß das Wirtschaftssystem der „Abarbeit“, dieses direkte Überbleibsel des Feudalimus, noch besteht. Wenn ihr dann noch ein übriges tut und einen Blick in ein so orthodox-marxistisches Buch wie den III. Band des „Kapital“ von Marx tut, so könnt ihr daraus lernen, daß anders als vermittels der kleinbürgerlich-bäuerlichen Wirtschaft die Entwicklung der Fronherrenwirtschaft und ihre Umwandlung in die kapitalistische nirgends vor sich ging und gehen konnte. Um den Marxismus zu widerlegen, geht ihr nach einer schon allzu primitiven, längst entlarvten Methode vor: ihr dichtet dem Marxismus die karikaturhaft-simple Ansicht von einer direkten Ablösung der Großwirtschaft der Fronherren durch die großkapitalistische Wirtschaft an! Ihr urteilt: die Ernten der Großgrundbesitzer sind größer als die der Bauern, also bedeutet die Expropriierung der Großgrundbesitzer einen Schritt zurück. Das ist eine Überlegung, würdig eines Quartaners. War etwa — denkt einmal nach, ihr Herren! — die Abtrennung des wenig ergiebigen bäuerlichen Ackerbodens von dem hochwertigen des Großgrundbesitzes beim Fall der Leibeigenschaft auch „ein Schritt zurück“?

Die gegenwärtige Grundherrenwirtschaft in Rußland vereinigt in sich kapitalistische und fronwirtschaftliche Züge. Der heutige Kampf der Bauern gegen die Großgrundbesitzer ist in seiner objektiven Bedeutung ein Kampf gegen die Überbleibsel der Leibeigenschaft. Aber jeden einzelnen Fall aufzählen und abwägen, sozusagen mit der Apothekerwaage nachwiegen wollen, wo genau die Leibeigenschaft aufhört und der reine Kapitalismus beginnt, das heißt denn doch den Marxisten die eigene Pedanterie zuschreiben! Wir können unmöglich ausrechnen, welcher Teil des Preises der bei einem Kleinkrämer eingekauften Lebensmittel auf den Arbeitswert und welcher Teil auf den Wucher entfällt und so weiter. Heißt das aber, ihr Herren, daß man deshalb gleich die Arbeitswerttheorie über Bord werfen soll?

Die gegenwärtige Grundherrenwirtschaft vereinigt in sich kapitalistische und feudale Züge. Nur Pedanten können daraus den Schluß ziehen, daß wir verpflichtet seien, jeden kleinsten Zug in jedem einzelnen Falle nach seinem so oder so gearteten sozialen Charakter abzuwägen, zu berechnen und zu registrieren. Bloß Utopisten können daraus zu dem Schluß kommen, daß wir die zwei verschiedenartigen sozialen Kämpfe „um keinen Preis“ voneinander unterscheiden können. In Wirklichkeit ergibt sich daraus der eine und nur der eine Schluß, daß wir sowohl in unserem Programm als auch in unserer Taktik den rein proletarischen Kampf gegen den Kapitalismus mit dem allgemein-demokratischen (und gesamtbäuerlichen) Kampf gegen den Feudalismus vereinigen müssen.

Je stärker die kapitalistischen Züge in der gegenwärtigen halbfronwirtschaftlichen Grundherrenwirtschaft entwickelt sind, desto nachdrücklicher wird die Notwendigkeit, das Landproletariat schon jetzt selbständig zu organisieren, denn um so rascher wird bei jeder Konfiskation der rein kapitalistische oder rein proletarische Antagonismus zutage treten. Je kräftiger die kapitalistischen Züge in der Grundherrenwirtschaft sind, um so rascher wird die demokratische Konfiskation zum wirklichen Kampf für den Sozialismus drängen: um so gefährlicher ist demnach die falsche Idealisierung des demokratischen Umsturzes mit Hilfe des Wörtchens „Sozialisierung". Das ist die Schlußfolgerung aus der Mischung von Kapitalismus und Leibeigenschaft in der Grundherrenwirtschaft.

Also, Vereinigung des rein proletarischen Kampfes mit dem allgemein-bäuerlichen, ohne jedoch beide zu vermengen. Unterstützung des gesamtdemokratischen und gesamtbäuerlichen Kampfes, ohne sich mit diesem, keinen Klassencharakter tragenden Kampfe zu identifizieren oder ihn durch falsche Bezeichnungen, wie „Sozialisierung", zu idealisieren, ohne auch nur für einen Augenblick die Organisierung sowohl des städtischen als auch des ländlichen Proletariats zu einer vollständig selbständigen Klassenpartei, der Sozialdemokratie, zu vergessen. Diese Partei wird die entschiedenste Demokratie voll und ganz unterstützen, aber sie wird sich dabei nicht durch reaktionäre Träumereien und Versuche, unter der Herrschaft der Warenwirtschaft eine „Gleichheit" zu begründen, von ihrem revolutionären Wege abbringen lassen. Der Kampf der Bauern gegen die Großgrundbesitzer ist jetzt revolutionär; revolutionär in jeder Beziehung ist auch die Konfiskation des Großgrundbesitzes im gegebenen Moment der ökonomischen und politischen Entwicklung, und wir unterstützen diese revolutionär-demokratische Maßnahme auch. Diese Maßnahme aber als „Sozialisierung" zu bezeichnen, sich selbst und das Volk über die Möglichkeit einer „ausgleichenden" Bodennutzung unter der Herrschaft der Warenwirtschaft zu täuschen, ist schon eine reaktionäre, kleinbürgerliche Utopie, die wir den Sozialreaktionären überlassen.

7. November (25. Oktober) 1905
„Proletary" Nr. 24

Aus: Lenin, Sämtl. Werke, Bd. VIII,
Wien—Berlin 1931, S. 485—494.

VI.

Der Absolutismus und das Proletariat

Rußland durchlebt eine neue Welle der Verfassungsbewegung. Die heutige Generation hat etwas Ähnliches, das sich mit der jetzigen politischen Belebung vergleichen ließe, noch nicht gesehen. Die legalen Zeitungen greifen heftig die Bureaukratie an, fordern die Teilnahme von Volksvertretern an der Staatsverwaltung, verkünden beharrlich die Notwendigkeit liberaler Reformen. Alle möglichen Versammlungen von Semstwoleuten, Ärzten, Juristen, Ingenieuren, Stadtverordneten usw. usw. fassen Resolutionen, in denen mehr oder weniger klar der Verfassung das Wort geredet wird. Überall hört man — vom Standpunkt des russischen Pfahlbürgers — ungewöhnlich kühne politische Anklagen und leidenschaftliche Reden über Freiheit. Die liberalen Versammlungen verwandeln sich unter dem Andrang der Arbeiter und der radikalen Jugend in offene Volksversammlungen und Straßendemonstrationen. In weiten Kreisen des Proletariats, unter der städtischen und ländlichen Armut, wird die dumpfe Gärung offensichtlich immer stärker. Und wenn auch das Proletariat an den besonders prunkvollen und feierlichen Äußerungen der liberalen Bewegung verhältnismäßig geringen Anteil nimmt, wenn es sich auch von den wohlanständigen Veranstaltungen des soliden Publikums gewissermaßen ein wenig abseits hält, so ist doch an allem zu sehen, daß die Arbeiter der Bewegung ein außerordentlich lebhaftes Interesse entgegenbringen. Aus allem ist zu ersehen, daß die Arbeiter sich zu großen Volksversammlungen und offenen Straßendemonstrationen geradezu drängen. Es ist, als ob das Proletariat sich zurückhielte, sorgfältig die Umgebung beobachtete, seine Kräfte sammelte und die Frage überlegte, ob der Zeitpunkt des entscheidenden Kampfes um die Freiheit schon gekommen sei oder nicht.

Allem Anschein nach beginnt die Welle der liberalen Erregung etwas abzuebben. Die Gerüchte und Meldungen der ausländischen Presse über den Sieg der Reaktionäre in den einflußreichsten Hofkreisen bestätigen sich. Der in diesen Tagen veröffentlichte Ukas Nikolaus' II. ist eine direkte Ohrfeige für die Liberalen. Der Zar will die Autokratie aufrechterhalten und verteidigen. Der Zar will die Regierungsform nicht ändern und denkt nicht daran, eine Verfassung zu gewähren. Er verspricht — verspricht nur — allerlei Reformen ganz untergeordneter Natur. Irgendwelche Garantien für die Durchführung dieser Reformen werden selbstverständlich nicht gegeben. Die polizeilichen Härten gegen die liberale Presse verstärken sich nicht täglich, sondern stündlich. Man beginnt wieder, die offenen Demonstrationen mit derselben Grausamkeit wie früher, wenn nicht gar mit noch größerer, zu unterdrücken. Den liberalen Semstwo- und Stadtverordneten gegenüber werden die Zügel wieder merklich straffer gezogen, und noch mehr gegenüber den liberalisierenden Beamten. Die liberalen Zeitungen verfallen in einen verzagten Ton und bitten die Korrespondenten, deren Briefe sie nicht abzudrucken wagen, um Verzeihung.

Es ist nicht unmöglich, daß die Welle der liberalen Erregung, die nach der Erlaubnis Swjatopolk-Mirskis rasch gestiegen ist, nach dem neuen Verbot sich ebenso rasch legen wird. Man muß auseinanderhalten die tiefen Ursachen, die unvermeidlich und unausbleiblich — und zwar je länger je mehr — Opposition und Kampf gegen den Absolutismus erzeugen, und die kleinen Anlässe der zeitweiligen liberalen Belebung. Die tiefen Ursachen erzeugen tiefgehende, mächtige und hartnäckige Volksbewegungen. Die kleinen Anlässe sind manchmal ein Personenwechsel im Ministerium und die übliche Politik der Regierung, nach irgendeinem terroristischen Akt für eine Weile zur Politik der Fuchsschwänzerei überzugehen. Die Ermordung Plehwes hat allem Anschein nach der terroristischen Organisation gewaltige Anstrengungen und lange Vorbereitungsarbeit gekostet. Und je erfolgreicher das terroristische Unternehmen war, um so krasser bestätigt es die Erfahrung der ganzen Geschichte der russischen revolutionären Bewegung, eine Erfahrung, die uns vor solchen Kampfmethoden, wie der Terror es ist, warnt. Der russische Terror war und bleibt eine spezifisch intelligenzlerische Kampfmethode. Man mag uns noch so viel davon erzählen, daß der Terror wichtig sei, nicht an Stelle der Volksbewegung, sondern zusammen mit dieser, die Tatsachen beweisen unwiderleglich, daß bei uns die individuellen politischen Morde mit den gewaltsamen Aktionen der Volksrevolution nichts gemein haben. Eine Massenbewegung ist in der kapitalistischen Gesellschaft nur als proletarische Klassenbewegung möglich. Diese Bewegung entwickelt sich in Rußland nach ihren eigenen, selbständigen Gesetzen, sie geht ihren eigenen Weg, immer tiefer und breiter werdend, von zeitweiligem Stillstand zu neuem Aufschwung übergehend. Und nur die liberale Welle steigt und fällt in engem Zusammenhang mit der Stimmung der verschiedenen Minister, deren Wechsel durch Bomben beschleunigt wird. Es ist deshalb kein Wunder, daß man bei uns unter den radikalen (oder radikalisierenden) Vertretern der bürgerlichen Opposition so oft auf Sympathien für den Terror stößt. Kein Wunder, daß unter den revolutionären Intellektuellen gerade diejenigen für den Terror schwärmen (auf die Dauer oder auf einen Augenblick), die an die Lebensfähigkeit und die Kraft des Proletariats und des proletarischen Klassenkampfes nicht glauben.

Die Kurzlebigkeit und Beständigkeit der liberalen Erregung aus diesem oder jenem Anlaß können uns natürlich nicht veranlassen, den unausrottbaren Widerspruch zwischen dem Absolutismus und den Bedürfnissen der sich entwickelnden bürgerlichen Gesellschaft zu vergessen. Der Absolutismus kann nicht umhin, die soziale Entwicklung zu hemmen. Je weiter die Entwicklung fortschreitet, um so mehr stoßen die Interessen der Bourgeoisie als Klasse, die Interessen der Intelligenz, ohne die die moderne kapitalistische Produktion undenkbar ist, mit dem Absolutismus zusammen. Mag der Anlaß der liberalen Erklärungen oberflächlich sein, mag der Charakter der unentschlossenen und zwiespältigen Stellung der Liberalen kleinlich sein, doch ein wirklicher Friede ist für den Absolutismus nur möglich mit einem Häuflein besonders privilegierter Größen der Grundbesitzer- und Händlerklasse, keineswegs aber mit dieser ganzen Klasse. Eine direkte Vertretung der Interessen der herrschenden Klasse in Form einer Verfassung ist für ein Land, das ein europäisches Land sein will und das seine Lage verpflichtet, bei Strafe der politischen und ökonomischen Niederlage, ein europäisches Land zu werden, notwendig. Deshalb ist es überaus wichtig, daß das klassenbewußte Proletariat sowohl die Unvermeidlichkeit der liberalen Proteste gegen den Absolutismus als auch den wirklichen bürgerlichen Charakter dieser Proteste klar erkennt.

Die Arbeiterklasse setzt sich die größten welthistorischen Ziele: die Menschheit von allen Formen der Unterdrückung und Ausbeutung des Menschen durch den Menschen zu befreien. Nach der Verwirklichung dieser Ziele strebt sie beharrlich in der ganzen Welt seit vielen, vielen Jahrzehnten, indem sie beständig ihren Kampf ausdehnt, sich in Millionenparteien organisiert, ohne sich durch einzelne Niederlagen und zeitweilige Mißerfolge entmutigen zu lassen. Für eine solche wahrhaft revolutionäre Klasse kann es nichts Wichtigeres geben, als sich von aller Selbsttäuschung, von allen Einbildungen und Illusionen frei zu machen. Bei uns in Rußland ist eine der verbreitetsten und zähesten Illusionen die, daß unsere liberale Bewegung keine bürgerliche Bewegung sei, daß die Rußland bevorstehende Revolution keine bürgerliche Revolution sei. Der russische Intellektuelle — vom gemäßigtesten „Oswoboshdenije"-Mann bis zum extremsten Sozialrevolutionär — glaubt immer, wenn man unsere Revolution als bürgerliche anerkennt, so bedeute das, sie farblos zu machen, sie herabzusetzen, sie zu trivialisieren. Der russische klassenbewußte Proletarier sieht in einer solchen Feststellung die einzig richtige Klassencharakteristik der wahren Lage der Dinge. Für den Proletarier ist der Kampf für die politische Freiheit und die demokratische Republik in der bürgerlichen Gesellschaft nur eine der notwendigen Etappen im Kampfe für die soziale Revolution, die die bürgerliche Ordnung stürzt. Etappen, die ihrer Natur nach verschieden sind, streng unterscheiden, die Bedingungen ihres Ablaufs nüchtern untersuchen, heißt noch lange nicht, das Endziel auf die lange Bank schieben, heißt noch lange nicht, seinen eigenen Weg von vornherein verlängern. Im Gegenteil, gerade zur Abkürzung des Weges, gerade zur möglichst raschen und dauerhaften Verwirklichung des Endziels ist es notwendig, das Klassenverhältnis in der modernen Gesellschaft zu erkennen. Wer sich vor dem angeblich einseitigen Klassenstandpunkt fürchtet, wer Sozialist sein will und gleichzeitig Angst hat, die uns in Rußland bevorstehende, bei uns in Rußland beginnende Revolution offen als bürgerliche Revolution zu bezeichnen, der wird nur Enttäuschungen erleben und hin und her schwanken.

Eine bezeichnende Tatsache: als die jetzige Verfassungsbewegung ihren Höhepunkt erreicht hatte, benützte die sich am demokratischsten gebärdende legale Presse die ungewöhnliche Freiheit zu Angriffen nicht nur auf die „Bureaukratie", sondern auch auf die „wissenschaftlich" angeblich „unhaltbare, exklusive und daher falsche Klassenkampftheorie" („Nascha Shisn" Nr. 28). Man habe die Aufgabe der Annäherung der Intelligenz an die Massen „bisher so gestellt, daß man ausschließlich die Klassengegensätze betonte, die zwischen den Volksmassen und jenen Schichten der Gesellschaft bestehen, denen . . . ein großer Teil der Intelligenz entstammt". Es erübrigt sich, zu sagen, daß diese Darstellung mit der Wirklichkeit in striktem Widerspruch steht. Gerade das Gegenteil ist der Fall. Die ganze Masse der russischen legalen, kulturträgerischen Intelligenz, alle alten russischen Sozialisten, alle Politiker vom Typus der „Oswoboshdenije"-Leute ignorierten und ignorieren vollständig die Tiefe der Klassengegensätze in Rußland überhaupt und im russischen Dorf im besonderen. Die Hauptsünde selbst der äußersten Linken der russischen radikalen Intelligenz, der Partei der Sozialrevolutionäre, ist dieses Ignorieren; man braucht nur an ihre üblichen Raisonnements über die „werktätige Bauernschaft" zu denken oder daß uns „nicht eine bürgerliche, sondern eine demokratische" Revolution bevorstehe.

Nein. Je näher der Moment der Revolution heranrückt, je akuter die Verfassungsbewegung wird, um so strenger muß die Partei des Proletariats ihre Klassenselbständigkeit wahren und nicht zulassen, daß ihre Klassenforderungen in dem Wasser der allgemein-demokratischen Phrasen ersäuft werden. Je häufiger, je entschiedener die Vertreter der sogenannten Gesellschaft mit ihren angeblich allgemeinen Volksforderungen hervortreten, um so rücksichtsloser muß die Sozialdemokratie den Klassencharakter dieser „Gesellschaft“ enthüllen. Nehmt die famose Resolution des „geheimen“ Semstwokongresses vom 6. bis 8. November. Ihr werdet darin in den Hintergrund geschobene und absichtlich unklar gehaltene, schüchterne Verfassungswünsche finden. Ihr werdet Hinweise auf das Volk und die Gesellschaft finden, viel häufiger auf die Gesellschaft als auf das Volk. Ihr werdet eine besonders ausführliche und bis ins einzelne gehende Aufzählung von Reformen auf dem Gebiete der Semstwo- und Städteinstitutionen finden, das heißt der Institutionen, die die Interessen der Grundbesitzer und der Kapitalisten repräsentieren. Ihr werdet darin erwähnt finden eine Reform der Lebensart der Bauernschaft, ihre Befreiung von der Bevormundung und die Gewährleistung eines geregelten Gerichtswesens. Es ist vollkommen klar, daß wir Vertreter der besitzenden Klassen vor uns haben, die nur Zugeständnisse vom Absolutismus zu erlangen trachten und an keine Änderung der Grundlagen der Wirtschaftsordnung denken. Wenn solche Leute eine „grundlegende“ (angeblich grundlegende) „Änderung der heutigen rechtlich ungleichen und entwürdigenden Lage der Bauern“ wünschen, so beweist das ein übriges Mal die Richtigkeit der Anschauungen der Sozialdemokratie, die die Zurückgebliebenheit der Zustände und Lebensbedingungen der Bauernschaft hinter den allgemeinen Bedingungen der bürgerlichen Ordnung unermüdlich betont hat. Die Sozialdemokratie hat immer gefordert, daß das klassenbewußte Proletariat in der gesamtbäuerlichen Bewegung die gebieterischen Interessen und Bedürfnisse der bäuerlichen Bourgeoisie streng unterscheide, wie sehr auch diese Bedürfnisse von einem Nebelschleier überzogen und verdeckt sein mögen, in welche Utopien des „Gleichmachens“ die bäuerliche Ideologie (und die „sozialrevolutionäre“ Phrase) sie auch kleiden möge. Nehmt die Resolution des Petersburger Banketts der Ingenieure vom 4. Dezember. Ihr werdet finden, daß 590 Teilnehmer des Banketts, und mit ihnen weitere 6000 Ingenieure, die die Resolution unterschrieben haben, sich für eine Verfassung aussprechen, „ohne die ein erfolgreicher Schutz der russischen Industrie unmöglich ist“, und bei dieser Gelegenheit auch schon gegen die Übertragung von Staatsaufträgen an ausländische Unternehmer protestieren.

Kann man denn jetzt noch übersehen, daß gerade die Interessen aller Schichten der grundbesitzenden, der kaufmännischen und industriellen, sowie der bäuerlichen Bourgeoisie die Unterlage und Grundlage der zum Vorschein gekommenen Verfassungsbestrebungen bilden? Kann es uns denn irreführen, daß diese Interessen vertreten werden durch die demokratische Intelligenz, die stets und überall, in allen europäischen Revolutionen der Bourgeoisie, die Rolle der Publizisten, Redner und politischen Führer übernommen hatte?

Dem russischen Proletariat fällt die ernsteste Aufgabe zu. Der Absolutismus schwankt. Der schwere und hoffnungslose Krieg, in den er sich stürzte, hat die Grundlage seiner Macht und Herrschaft tief unterwühlt. Er kann sich jetzt nicht halten ohne den Appell an die herrschenden Klassen, ohne die Unterstützung der Intelligenz, ein solcher Appell und eine solche Unterstützung aber haben unvermeidlich Verfassungsforderungen zur Folge. Die bürgerlichen Klassen suchen die schwierige Lage der Regierung für sich auszunützen. Die Regierung treibt ein verzweifeltes Spiel, um sich herauszuwinden, um mit nichtigen Zugeständnissen, unpolitischen Reformen, zu nichts verpflichtenden Versprechungen, die man in Hülle und Fülle im neuen Zarenukas findet, davonzukommen. Ob ein solches Spiel, wenigstens zeitweilig und zum Teil, gelingt, das hängt letzten Endes vom russischen Proletariat, von seiner Organisiertheit und der Kraft seines revolutionären Ansturms ab. Das Proletariat muß die ungewöhnlich günstige politische Lage ausnutzen. Das Proletariat muß die Verfassungsbewegung der Bourgeoisie unterstützen, möglichst breite Schichten der ausgebeuteten Volksmassen aufrütteln und um sich scharen, alle seine Kräfte sammeln und im Augenblick der größten Erregung des Volkes zum Aufstand schreiten.

Worin soll sich sofort die Unterstützung der Verfassungsbewegung durch das Proletariat ausdrücken? Vor allem darin, die allgemeine Erregung zur Agitation und Organisationsarbeit unter den am wenigsten berührten, den rückständigsten Schichten der Arbeiterklasse und der Bauernschaft nutzbar zu machen. Selbstverständlich muß das organisierte Proletariat, die Sozialdemokratie, Trupps ihrer Kräfte in alle Klassen der Bevölkerung schicken, doch je selbständiger diese Klassen bereits auftreten, je akuter der Kampf wird und je näher der Moment der entscheidenden Schlacht heranrückt, um so mehr muß das Schwergewicht unserer Tätigkeit auf die Vorbereitung der Proletarier und Halbproletarier selbst zum direkten Kampf um die Freiheit verlegt werden. Nur Opportunisten können in einem solchen Moment das Auftreten einzelner Arbeiterredner in Semstwos und anderen gesellschaftlichen Versammlungen als besonders aktiven Kampf oder als neue Kampfmethode oder als höheren Demonstrationstypus bezeichnen. Solche Manifestationen können nur ganz untergeordnete Bedeutung haben. Unvergleichlich wichtiger ist jetzt, das Augenmerk des Proletariats auf die wirklich hohen und aktiven Kampfesformen zu richten, in der Art der berühmten Demonstration in Rostow und einer Reihe von Massendemonstrationen im Süden. Unvergleichlich wichtiger ist es jetzt, unsere Kaders zu erweitern, die Kräfte zu organisieren und zu einem noch direkteren und offeneren Massenkampf zu rüsten.

Selbstverständlich handelt es sich hier nicht darum, die alltägliche Werktagsarbeit der Sozialdemokraten einzustellen. Auf die werden sie niemals verzichten, gerade in ihr sehen sie die wirkliche Vorbereitung zum entscheidenden Kampf, denn sie rechnen einzig und allein auf die Aktivität, das Klassenbewußtsein, die Organisiertheit des Proletariats, auf seinen Einfluß unter der Masse der Werktätigen und Ausgebeuteten. Es handelt sich darum, den richtigen Weg aufzuzeigen, auf die Notwendigkeit, vorwärts zu marschieren, auf die Schädlichkeit taktischer Schwankungen hinzuweisen. Zur Alltagsarbeit, die das klassenbewußte Proletariat niemals und unter keinen Umständen vergessen darf, gehört auch die Organisationsarbeit. Ohne breite und vielseitige Arbeiterorganisationen, ohne ihre Annäherung an die revolutionäre Sozialdemokratie ist ein erfolgreicher Kampf gegen den Absolutismus unmöglich. Die Organisationsarbeit ist aber unmöglich ohne entschiedene Abwehr jener desorganisatorischen Tendenzen, die der charakterlose und seine Losungen wie Handschuhe wechselnde intelligenzlerische Teil unserer Partei bei uns, wie überall, zeigt; die Organisationsarbeit ist unmöglich ohne den Kampf gegen die alberne, reaktionäre und jede Zerfahrenheit bemäntelnde „Theorie", daß die Organisation ein Prozeß sei.

Die Entwicklung der politischen Krise in Rußland hängt jetzt vor allem von dem Verlauf des Krieges mit Japan ab. Dieser Krieg enthüllte und enthüllt am meisten die Morschheit des Absolutismus, er entkräftet ihn am meisten in finanzieller und militärischer Hinsicht, er peinigt am meisten die erschöpften Volksmassen, von denen dieser verbrecherische und schändliche Krieg so grenzenlose Opfer fordert, und treibt sie zum Aufstand. Das absolutistische Rußland ist vom konstitutionellen Japan schon geschlagen und jede Verschleppung wird die Niederlage nur verstärken und verschärfen. Der beste Teil der russischen Flotte ist bereits vernichtet, die Lage von Port Arthur ist hoffnungslos, das ihm zu Hilfe eilende Geschwader hat nicht die geringsten Aussichten auf Erfolg, oder auch nur darauf, an den Bestimmungsort zu gelangen, das Hauptheer mit Kuropatkin an der Spitze hat über 200 000 Mann verloren, ist entkräftet und steht hilflos dem Feinde gegenüber, der es, nachdem Port Arthur genommen sein wird, unausbleiblich zermalmen wird. Der militärische Zusammenbruch ist unvermeidlich und damit zugleich ist auch eine Verzehnfachung der Unzufriedenheit, der Gärung und Empörung unvermeidlich.

Auf diesen Moment müssen wir uns mit aller Energie vorbereiten. In diesem Moment wird einer jener Ausbrüche, die sich bald hier, bald dort immer häufiger widerholen, zu einer gewaltigen Volksbewegung führen. In diesem Augenblick wird sich das Proletariat an die Spitze des Aufstandes stellen, um für das ganze Volk die Freiheit zu erkämpfen, um der Arbeiterklasse die Möglichkeit des offenen, breiten, durch die ganze europäische Erfahrung bereicherten Kampfes für den Sozialismus zu sichern.

„Wperjod" Nr. 1 vom 4. Januar 1905 (22. Dezember 1904)

Aus: Lenin, Sämtl. Werke, Bd. VII, Wien—Berlin 1929; S. 34—43.

VII.

Aus: Ein Versuch zur Klassifizierung der russischen politischen Parteien

Beginnen wir mit der Aufzählung aller nur irgendwie bedeutsamen politischen Parteien (oder besser Typen[1]) von Parteien), von den „Rechten" bis zu den „Linken". 1. Bund des russischen Volkes, Monarchisten u. dgl. mehr, 2. Die Partei der Rechtsordnung, 3. Oktobristen, 4. Friedliche Erneuerer, 5. Partei der demokratischen Reformen, 6. Kadetten, 7. Freidenker, Radikale, Gruppe der Zeitschrift „Bes Saglawija"[2]) u. dgl. mehr, 8. Werktätige Volkssozialisten, 9. Sozialrevolutionäre, 10. Maximalisten, 11. Sozialdemokraten, Menschewiki und Bolschewiki. Die Anarchisten zählen wir nicht mit, denn es wäre zu gewagt, sie (eigentlich wohl auch die Maximalisten) als politische Partei zu bezeichnen.

In diesem bunten Reigen treten fünf Grundtypen unserer politischen Parteien deutlich hervor: 1. die Schwarzhunderter, 2. die Oktobristen, 3. die Kadetten, 4. die Trudowiki und 5. die Sozialdemokraten. Die Richtigkeit einer solchen Gruppierung wird durch die Untersuchung der Klassennatur der einen oder andern Partei bewiesen.

---

[1]) Wir sprechen von Typen von Parteien, erstens, weil es unmöglich ist, die Entwicklung aller kleinen Splitterparteien zu verfolgen — sie sind ja auch unwichtig (z. B. besteht nur ein ganz unwesentlicher Unterschied zwischen irgendeiner progressiv-industriellen Partei oder dem Diskus und der Partei der Rechtsordnung[78]), zweitens, weil es verkehrt wäre, nur mit Parteien zu rechnen, die sich vollends herausgebildet haben, und politische Richtungen außer acht zu lassen, die schon ganz deutlich in Erscheinung treten. Es genügt eine ganz kleine Veränderung der politischen Umwelt und diese Richtungen nehmen im Laufe von einigen Wochen die Form von Parteien an.

[2]) „Ohne Titel".

Es unterliegt keinem Zweifel, daß die Sozialdemokratie einen besondern Typus bildet. Es ist ein europäischer Typus. Es ist die einzige Arbeiterpartei in Rußland, die Partei des Proletariats sowohl ihrer Zusammensetzung als auch ihrem streng proletarischen Standpunkte nach.

Nicht weniger augenscheinlich ist ferner die Notwendigkeit, die Trudowiki als besonderen Typus zu behandeln. Zu ihnen gehören: die „Werktätige volkssozialistische Partei", die eigentlichen Sozialrevolutionäre und schließlich die Maximalisten. Sie alle stehen auf dem prinzipiellen Standpunkt „Werktätigkeit als Grundlage". Ihnen allen ist das Bestreben eigen, Proletarier und Kleinproduzenten zu einer „werktätigen Gruppe" zu vereinigen und zu verschmelzen. Sie wollen sich vorwiegend auf die Bauernschaft stützen. Und die Reichsduma, in der sich die Mehrheit der Bauernabgeordneten zu einer werktätigen Gruppe zusammengeschlossen hat, hat tatsächlich bewiesen, daß es den genannten Richtungen wirklich gelungen ist (in dem einen oder andern Grade) den Grund zur politischen Organisation der Bauernschaft zu legen.

Freilich haben sich die politischen Parteien dieses Typs noch lange nicht so weit herausgebildet, haben noch nicht eine so hohe Entwicklungsstufe erreicht, wie die Sozialdemokratie. Nominell besteht die Partei der Maximalisten nicht, obwohl ihre Abspaltung von den Sozialrevolutionären eine vollendete Tatsache ist, die durch die Selbständigkeit sowohl ihres literarischen als auch ihres terroristischen Auftretens bewiesen wird. In der Reichsduma haben die Sozialrevolutionäre keine Fraktion gebildet und handeln hinter dem Rücken eines Teiles der Trudowiki. Die „Werktätige Volkssozialistische Partei" trifft gleichfalls erst Anstalten, geboren zu werden, obwohl sie literarisch bereits nicht mehr nur im Block mit den reinen Sozialrevolutionären, sondern auch völlig selbständig auftritt; in der Duma sind ihre Führer auch teils gemeinsam mit den Sozialrevolutionären, teils unabhängig von ihnen vorgegangen. Die „Protokolle des ersten Parteitages der Sozialrevolutionäre" (Paris 1906) deuten ebenfalls auf ein Auftreten dieser werktätigen Volkssozialisten als einer „besonderen Gruppe" hin, die unabhängig von der Partei der Sozialrevolutionäre vorgeht. Mit einem Wort, wir sehen in diesem Lager 1. eine konspirative Partei (die Sozialrevolutionäre), die durchaus nicht imstande ist, eine einigermaßen feste und irgendwelche Massen umfassende Organisation zu schaffen, und weder in der Reichsduma noch in der Literatur der Periode der Freiheiten selbständig unter ihrem eigenen Banner aufzutreten vermag; 2. eine in Entstehung begriffene legale Partei (die werktätigen Volkssozialisten), die auf dem Parteitag der

Sozialrevolutionäre (Dezember 1905) als Gruppe aufgetreten ist, bisher aber nicht imstande war, zur Schaffung einer Massenorganisation zu schreiten, und in der Literatur und der Reichsduma größtenteils im Block mit den Sozialrevolutionären vorgeht.

Die Tatsache, daß sich die Trudowiki nach den beiden Perioden einer relativen Freiheit (der „Oktober"-Periode und der „Duma"-Periode) noch immer nicht zu einer politischen Partei herausbilden, kann natürlich nicht aus einem Zufall erklärt werden. Zweifellos wirkt sich hierin der Umstand aus, daß das Kleinbürgertum (besonders in den Dörfern) weniger organisationsfähig ist als das Proletariat. Zweifellos spiegelt der ideologische Wirrwarr der Trudowiki auch die äußerst unbeständige Lage des Kleinproduzenten in der heutigen Gesellschaft wider: der äußerste rechte Flügel der Trudowiki (die „Werktätige Volkssozialistische Partei" mit den Peschechonowleuten an der Spitze) unterscheidet sich sehr wenig von den Kadetten, da er aus seinem Programm sowohl die Republik als auch die Forderung der Übergabe des ganzen Bodens an die Bauern streicht; der äußerste linke Flügel der Trudowiki, die Maximalisten, unterscheiden sich sehr wenig von den Anarchisten.

Diese beiden äußersten Gruppen deuten sozusagen das Ausmaß der politischen Schwankungen des werktätigen Kleinbürgertums an. Ökonomisch ist es durchaus erklärlich, daß gerade das Kleinbürgertum eine solche Unbeständigkeit bekundet. Es unterliegt keinem Zweifel, daß die nächste Zukunft der russischen Revolution diese Unbeständigkeit eher steigern als mildern wird. Indem wir jedoch diese Tatsache feststellen und erklären, dürfen wir selbstverständlich nicht die ungeheure politische Bedeutung der Parteien vom Typus der Trudowiki vergessen. Die wirkliche politische Freiheit wird *vor allem gerade diese* Parteien stärken. Wenn nämlich keine politische Freiheit vorhanden ist, verfügen sie über eine geringere Organisationsfähigkeit als die Bourgeoisie, ja sogar als das Proletariat. Anderseits ist in einem solchen vorwiegend kleinbürgerlichen und bäuerlichen Lande, wie Rußland, die Bildung von ideologisch und politisch unbeständigen, aber überaus großen kleinbürgerlichen oder „Trudowiki"-Parteien absolut unvermeidlich.

In einem Lande, wie Rußland, hängt der Ausgang der bürgerlichen Revolution vor allem von dem politischen Verhalten der Kleinproduzenten ab. Daß die Großbourgeoisie Verrat übt, das unterliegt keinem Zweifel (sie hat schon zu zwei Dritteln Verrat geübt). Daß das Proletariat der treueste Kämpfer sein wird, das braucht man nach dem Oktober und nach dem Dezember den russischen Arbeitern nicht erst zu beweisen. Das Kleinbürgertum aber ist eben die veränderliche Größe, die den Ausgang bestimmen wird. Sein jetziges politisches Schwanken zwischen der loyalen Krüppelhaftigkeit der Kadetten und dem kühnen, erbarmungslosen revolutionären Kampf müssen die Sozialdemokraten daher ganz besonders aufmerksam verfolgen. Und sie müssen diesen Prozeß ganz natürlich nicht nur verfolgen, sondern auch nach Kräften im proletarischen Geiste beeinflussen.

Gehen wir weiter. Daß die Kadetten als besonderer Typus behandelt werden müssen, unterliegt keinem Zweifel. Die rechts von ihnen stehende Partei der demokratischen Reformen und die Freidenker, Radikalen u. dgl. mehr zu ihrer Linken sind nichts weiter als völlig bedeutungslose Abzweigungen. Für die gegenwärtige politische Epoche sind die Kadetten ein selbständiger politischer Typus. Der Unterschied zwischen ihm und den Trudowiki ist augenscheinlich. Der typische Trudowik, das ist der bewußte Bauer. Ihm sind Bestrebungen zu einem Kompromiß mit der Monarchie nicht fremd, er ist nicht abgeneigt, sich auf s e i n e r Scholle im Rahmen der bürgerlichen Ordnung zu beruhigen, gegenwärtig aber nimmt der Kampf, den er mit den Gutsbesitzern um das Land, mit dem feudalen Staat um die Demokratie führt, den größten Teil seiner Kraft in Anspruch. Sein Ideal ist die Vernichtung der Ausbeutung; nur stellt er sich diese Vernichtung kleinbürgerlich vor, und deshalb ergibt sich aus seinen Bestrebungen i n W i r k l i c h k e i t nicht der Kampf gegen jede Ausbeutung, sondern nur der Kampf gegen die Ausbeutung durch die Grundbesitzer und die große Finanzbourgeoisie. Der Kadett ist der typische bürgerliche Intellektuelle und — häufig sogar — der liberale Grundbesitzer. Kompromiß mit der Monarchie, Abbruch der Revolution, das ist sein Hauptstreben. Der Kadett ist völlig unfähig zu kämpfen, er ist der echte Makler. Sein Ideal ist die Verewigung der bürgerlichen Ausbeutung in geregelten, zivilisierten, parlamentarischen Formen. Seine politische Stärke sind die um ihn vereinigten ungeheuren Massen von bürgerlichen Intellektuellen, die in jeder kapitalistischen Gesellschaft benötigt werden, aber natürlich ganz unfähig sind, auf eine wirkliche Veränderung der Ordnung dieser Gesellschaft entschieden hinzuwirken.

Der typische Oktobrist ist nicht der bürgerliche Intellektuelle, sondern der Großbürger. Er ist nicht der Ideologe der bürgerlichen Gesellschaft, sondern ihr unmittelbarer Herr. Er ist aufs unmittelbarste an der kapitalistischen Ausbeutung interessiert und verachtet jede Theorie, er spuckt auf die Intelligenz und verwirft jedwede den Kadetten eigene Prätensionen auf „Demokratismus". Er ist der praktische Bourgeois. Er erstrebt, ebenso wie der Kadett, ein Kompromiß mit der Monarchie, aber er versteht unter diesem Kompromiß nicht dieses oder jenes politische System, nicht den Parlamentarismus, sondern ein Abkommen von einigen Leuten oder Führern mit der Hofkamarilla, das den schwerfälligen, bornierten und asiatisch bestechlichen russischen Tschinownik unmittelbar der herrschenden Bourgeoisie unterordnen soll. Der Oktobrist, das ist der Kadett, der im geschäftlichen Leben seine bürgerlichen Theorien anwendet. Der Kadett, das ist der Oktobrist, der in den Stunden, in denen er nicht mit der Ausplünderung von Arbeitern und Bauern beschäftigt ist, von einer idealen bürgerlichen Gesellschaft träumt. Der Oktobrist wird noch ein bißchen parlamentarischen Umgang und politische Heuchelei mit dem Demokratie-Spielen lernen. Der Kadett wird noch ein bißchen tüchtige bürgerliche Geschäftsmacherei lernen, — und sie werden sich verschmelzen, sie werden sich unweigerlich und unbedingt verschmelzen, ganz unabhängig davon, ob es gerade im jetzigen Augenblick, und zwar gerade den jetzigen „friedlichen Erneuerern" gelingt, diese Verschmelzung zu verwirklichen.

Aber wir werden nicht von der Zukunft sprechen. Unsere Aufgabe ist es, die Gegenwart verstehen zu lernen. Wenn das Hofgesindel seine Macht in vollem Umfange aufrechtzuerhalten vermag, so ist es ganz natürlich, daß allein schon die demokratischen Redensarten der Kadetten und ihre „parlamentarische" Opposition *in Wirklichkeit* bedeutend mehr den Elementen zugute kamen, die links von den Kadetten stehen. Natürlich ist auch, daß der Oktobrist, der diesen Elementen unmittelbar feindlich gegenübersteht, zornig die Kadetten beiseiteschiebt und (bei den Wahlen zur ersten Duma) die Schwarzhunderter von der Regierung unterstützt.

Die Schwarzhunderter sind der letzte Typus unserer politischen Parteien. Sie wollen nicht die „Konstitution des 17. Oktober", wie die Herren Gutschkow, sondern die Erhaltung und die förmliche Wiederherstellung des Absolutismus. Ihnen bekommen der ganze Schmutz, die Unwissenheit und die Bestechlichkeit, die unter der Allmacht des vergötterten Monarchen gedeihen. Die Schwarzhunderter schweißt der wütende Kampf für die Privilegien der Kamarilla, für die Möglichkeit, nach wie vor zu rauben, Gewalttaten zu verüben und ganz Rußland den Mund zu stopfen, zusammen. Sie verteidigen um jeden Preis die jetzige Zarenregierung, und das schweißt sie auf Schritt und Tritt mit den Oktobristen zusammen, und deswegen läßt sich von manchen Rechtsordnungsleuten so schwer sagen, wo der Schwarzhunderter aufhört und der Oktobrist anfängt.

Die russische Revolution hat so in kürzester Zeit scharf ausgeprägte Typen von politischen Parteien hervorgebracht, die den

Hauptklassen der russischen Gesellschaft entsprechen. Wir haben eine Partei des bewußten sozialistischen Proletariats, Parteien des radikalen oder radikal tuenden Kleinbürgertums, und zwar in erster Linie des dörflichen Kleinbürgertums, d. h. der Bauernschaft, liberal-bürgerliche Parteien, reaktionäre bürgerliche Parteien. Das Mißverhältnis zwischen den politischen Gebilden und den ökonomischen, klassenmäßigen Scheidungen besteht nur darin, daß den beiden letzten Gruppen nicht zwei, sondern drei Gruppen von politischen Parteien gegenüberstehen: die Kadetten, die Oktobristen und die Schwarzhunderter. Dies Mißverhältnis erklärt sich jedoch ganz aus den zeitweiligen Besonderheiten der gegenwärtigen Lage, in der der revolutionäre Kampf sich außerordentlich verschärft hat, in der es praktisch äußerst schwer ist, die Verteidigung des Absolutismus zu trennen von der Verteidigung der Monarchie um jeden Preis, in der die Gruppierung nach dem ökonomischen Kennzeichen (für den progressiven und für den reaktionären Kapitalismus) sich natürlich mit der politischen Gruppierung (für die jetzige Regierung und gegen sie) kreuzt. Indessen ist die Verwandtschaft der Kadetten und der Oktobristen zu augenscheinlich, und es kann wohl kaum jemand bestreiten, daß die Herausbildung einer großen „praktischen" liberal-bürgerlichen Partei unvermeidlich ist.

Schlußfolgerung: der Prozeß der Herausbildung von politischen Parteien in Rußland liefert die glänzendste Bestätigung für die Marxsche Lehre.

P. S. Der Aufsatz wurde vor der Spaltung des „Bundes vom 17. Oktober" geschrieben. Jetzt versprechen der Austritt Schipows und die bevorstehende Gründung einer gemäßigt liberalen Partei (linke Oktobristen, friedliche Erneuerer und rechte Kadetten) endgültig alle russischen politischen Parteien in die vier Grundtypen jedes kapitalistischen Landes einzugliedern.

Proletarij, Nr. 5,
13. Oktober (30. September) 1906

Aus: Lenin, Sämtl. Werke, Bd. X,
Wien—Berlin 1930; S. 128—134.

VIII.

Schluß von: „Empiriokritizismus und Materialismus"

Von vier Gesichtspunkten aus muß ein Marxist an die Beurteilung des Empiriokritizismus herantreten.

Erstens und vor allem muß man die theoretischen Grundlagen dieser Philosophie mit denen des dialektischen Materialismus vergleichen. Ein solcher Vergleich, dem die drei ersten Kapitel gewidmet waren, zeigt auf der ganzen Linie der erkenntnistheoretischen Fragen den total reaktionären Charakter des Empiriokritizismus, der die alten Fehler des Idealismus und des Agnostizismus mit neuen Schrullen, Sophismen und Kniffen verschleiert. Nur bei absoluter Unwissenheit darüber, was philosophischer Materialismus überhaupt und was die dialektische Methode von Marx und Engels ist, kann man von einer „Vereinigung" des Empiriokritizismus mit dem Marxismus reden.

Zweitens muß man den Platz des Empiriokritizismus als einer sehr kleinen Schule von Fachphilosophen unter den übrigen philosophischen Schulen der Gegenwart bestimmen. Von Kant ausgehend, schlugen Mach und Avenarius den Weg ein nicht zum Materialismus, sondern nach der entgegengesetzten Seite hin, zu Hume und Berkeley. In der Einbildung, daß er überhaupt die „Erfahrung reinige", reinigte Avenarius tatsächlich nur den Agnostizismus vom Kantianismus. Die ganze Schule von Mach und Avenarius marschiert immer bestimmter zum Idealismus, in trauter Eintracht mit einer der reaktionärsten alle idealistischen Schulen, mit der sogenannten immanenten Schule.

Drittens muß in Betracht gezogen werden der unzweifelhafte Zusammenhang des Machismus mit einer Schule in einem Zweig der modernen Naturwissenschaft. Auf der Seite des Materialismus steht unverändert die erdrückende Mehrheit der Naturforscher sowohl im allgemeinen als auch auf dem betreffenden Spezialgebiet, nämlich in der Physik. Die Minderheit der neuen Physiker ist unter dem Eindruck des durch die großen Entdeckungen der letzten Jahre erfolgten Zusammenbruchs der alten Theorien, unter dem Eindruck der Krise in der neuen Physik, die besonders anschaulich die Relativität unserer Kenntnisse zeigte, infolge der Unkenntnis der Dialektik, über den Relativismus zum Idealismus hinabgeglitten. Der modische physikalische Idealismus unserer Tage ist ein ebenso reaktionäres kurzlebiges Strohfeuer, wie der physiologische Idealismus der jüngsten Vergangenheit.

Viertens kann man nicht umhin, hinter der erkenntnistheoretischen Scholastik des Empiriokritizismus den Parteienkampf in der Philosophie zu sehen, einen Kampf, der letzten Endes die Tendenzen und die Ideologie der einander feindlich gegenüberstehenden Klassen der modernen Gesellschaft zum Ausdruck bringt. Die neueste Philosophie ist genau so parteilich, wie die vor zweitausend Jahren. Die kämpfenden Parteien sind dem Wesen der Sache nach, das durch gelahrt-quacksalberische neue Namen oder durch schwachsinnige Parteilosigkeit verhüllt wird, der Materialismus und der Idealismus. Letzterer ist nur eine verfeinerte, raffinierte Form des Fideismus, der in voller Rüstung gewappnet dasteht, über große Organisationen verfügt und nach wie vor unausgesetzt auf die Massen einwirkt, indem er das geringste Schwanken des philosophischen Gedankens sich zunutze macht. Die objektive Klassenrolle des Empiriokritizismus läuft ganz hinaus auf Handlangerdienste für die Fideisten in ihrem Kampf gegen den Materialismus überhaupt und gegen den historischen Materialismus insbesondere.

Aus: Lenin, Sämtl. Werke, Bd. XIII,
Wien—Berlin 1927; S. 366—367.

VI. Schrifttum

Zur Vorgeschichte der materialistischen Soziologie in Rußland

Alexander Herzen, Rußlands soziale Zustände, Hamburg 1854.

G. W. Plechanow, Beiträge zur Geschichte des Materialismus, Neuausgabe Berlin 1946.

G. W. Plechanow, Über materialistische Geschichtsauffassung, Neuausgabe Berlin 1946.

G. W. Plechanow, Über die Rolle der Persönlichkeit in der Geschichte, Neuausgabe Berlin 1946.

Schriften Lenins im historischen Zusammenhang

Kampf gegen die „Volkstümler“: „Was sind die ‚Volksfreunde‘ und wie kämpfen sie gegen die Sozialdemokraten?“, 1894.

Zusammenschluß der Gruppe „Befreiung der Arbeit“ (Lenin, Plechanow, Axelrod, Vera Sassulitsch) im Ausland: „Iskra“, Dezember 1900.

Kampf gegen den „Ökonomismus“, gegen die Ideologie des „Opportunismus“ und gegen die Theorie der „Spontaneität“: „Was tun?“, März 1902.

Abwehr der „Menschewiki“: „Ein Schritt vorwärts, zwei zurück“, Mai 1904.

Begründung der Taktik der „Bolschewiki“: „Zwei Taktiken der Sozialdemokratie“, Juli 1905.

Klärung der philosophischen Grundlagen der Partei: „Materialismus und Empiriokritizismus“, 1909.

„Die Bolschewiki wollten eine neue, eine bolschewistische Partei schaffen, geeignet, ein Vorbild für alle die zu sein, die eine wirkliche revolutionäre marxistische Partei haben wollten. Die Bolschewiki arbeiteten an der Schaffung einer solchen Partei schon seit den Zeiten der alten „Iskra“. Sie arbeiteten hartnäckig, standhaft daran, allen Hindernissen zum Trotz. Die wichtigste und entscheidende Rolle spielten in dieser Vorbereitungsarbeit Werke Lenins wie „Was tun?“, „Zwei Taktiken“ usw. Lenins Buch „Was tun?“ war die ideologische Vorbereitung einer solchen Partei. Lenins Buch „Ein Schritt vorwärts, zwei Schritte zurück“ war die organisatorische Vorbereitung einer solchen Partei. Lenins Buch „Materialismus und Empiriokritizismus“ schließlich war die theoretische Vorbereitung einer solchen Partei“ (Geschichte der Kommunistischen Partei der Sowjetunion (Bolschewiki), Berlin 1946, S. 170).

Lenins Werke in späteren Ausgaben

Sämtliche Werke. Vom Lenin-Institut autorisierte Ausgabe. Ins Deutsche übertragen nach der 2. revidierten russischen Auflage. Wien—Berlin 1928—1930 (nicht vollständig; im Text zitiert als Ges. Werke).

Ausgewählte Werke. In 12 Bänden. Übersetzt aus der russischen Ausgabe des Marx-Engels-Lenin-Instituts in Moskau. Wien—Berlin 1932 bis 1939.

Ausgewählte Werke in zwei Bänden. Bd. I, Moskau 1946, Bd. II, 1947 (in deutscher Sprache).

Briefe an Maxim Gorki 1903—1913. Einleitung und Anmerkungen von L. Kamenew. Wien 1924.

Deutsche Neuausgaben:

Karl Marx. Eine Einführung in den Marxismus. Berlin 1945.

Der „Radikalismus", die Kinderkrankheit im Kommunismus. Berlin 1945.

Der Imperialismus als höchstes Stadium des Kapitalismus. Berlin 1945.

Was tun? Brennende Fragen unserer Bewegung. Berlin 1946.

Über die Pariser Kommune. Berlin 1946.

Zwei Taktiken der Sozialdemokratie in der demokratischen Revolution. Berlin 1946.

Ein Vortrag über die Revolution von 1905. Berlin 1946.

Auszug aus: Staat und Revolution in Karl Marx, Kritik des Gothaer Programms, Berlin 1946.

Staat und Revolution. Die Lehre des Marxismus vom Staat und die Aufgaben des Proletariats in der Revolution. Moskau 1947.

Im Text dieser Untersuchung werden jeweils die dem Leser gegenwärtig am leichtesten erreichbaren Ausgaben zitiert.

Aus dem Schrifttum über Lenin

Ernst Drahn, Lenin. Eine Bio-Bibliographie. Berlin 1924.

Nikolajewna Konstantinowa Krupskaja, Erinnerungen an Lenin, Wien—Berlin 1929.

Josef Stalin, Über die Grundlagen des Leninismus. Zu den Fragen des Leninismus. Berlin 1946.

Geschichte der Kommunistischen Partei der Sowjetunion (Bolschewiki). Kurzer Lehrgang. Unter Redaktion einer Kommission des Zentralkomites der KPdSU (B). 1938. Berlin 1946.

Lenin Wladimir Iljitsch, Ein kurzer Abriß seines Lebens und Wirkens (ohne Verfasserangabe). Moskau 1947 (in deutscher Sprache).

FSC
www.fsc.org
MIX
Papier | Fördert gute Waldnutzung
FSC® C083411

Kolibri 360 GmbH
Ferdinand-Jühlke-Straße 7
99095 Erfurt, Deutschland
produktsicherheit@kolibri360.de